Since
1997

죽향 Since 1997

초판 발행 2017년 12월 15일
2판 인쇄 2023년 11월 22일

엮 음 김형점
발 행 인 박홍관
발 행 처 티 웰
편집교정 심역석
디 자 인 엔터디자인 홍원준

등 록 2006년 11월 24일 제22-3016
주 소 서울시 종로구 윤보선길22(안국동) 4층
전 화 Tel 02. 581. 6535 Fax 0505. 115. 8624

ISBN 978-89-97053-59-9 (03590)

정가 20,000원

죽향

Since
1997

엮음 **김형점**

티웰

죽향은

우리 고유의 음차 풍속을 이어가고자

전통차로만 고집스레

1997년부터 쉼 없이

차를 달이는

진주에서 가장 오래된

찻집입니다

차
례

죽
향

人間

竹香

　죽향이 올해로 성년을 맞았습니다. 지금보다 지나온 일들에 머무는 시간이 잦아졌습니다. 하루의 삶에도 성찰의 시간이 필요하며, 한 해를 마무리 짓는 데는 더 긴 숙고의 시간을 가집니다. 죽향 10년을 넘기면서는 "茶·藝·人"이란 장으로 함께 했었습니다. 차와 예술을 함께 했던 사람들이 펼쳐 낸 감사와 보은의 자리였습니다. 다시 곱의 시간이 빼곡히 쌓여 죽향 20년입니다. 그동안의 이야기를 책으로 엮으면서 지난 얘기를 하겠지만 결국, 그 속에서 차계의 변화되는 현실을 읽게 될 것이며 다시 30년, 50년… 미래 죽향의 새 기틀을 만드는 일이 되겠지요.

　죽향은 앞장서 이 길을 가고 있었던 선배님들 덕분에 97년 대중 찻방을 열고, 밀레니엄 2000년엔 맞은편에 아정雅亭이란 편액을 걸고 차·차구를 전문 판매하는 공간까지 빠르게 전문 차실의 면모를 갖추게 되었습니다. 당시는 차와 차문화를 알고자 하는 욕구와 열정들도 많아 찻집 현장에서 차 공부가 많았던 때였습니다. 죽향의 차실에서는 차 공부가 자주 열렸는데 전문 공간의 필요성이 간절하여 05년 3층에 차문화원을 만들어 차 공부의 집중도를 높일 수 있었습니다. 고전강독 모임, 불법의 가르침을 배우는 법석, 크고 작은 스터디 모임과 서예, 그림, 사진, 서각을 전시하는 장으로까지 체계를 갖추고 다채로운 일들이 만들어졌습니다. 제가 공간空間이란 틀을 만들었다면, 시간時間과 다양한 계층의 사람人間들에 의해 대중 차실은 인문학의 산실이 되었고 전통 풍류 문화를 계승해가는 공간이 된 것입니다. 이는 결코 혼자서 만들 수 없었던 결실입니다. 그동안 함께 했던 지중한 인연들께 공감의 일들을 다양한 시각에서 글로 쓰기를 재촉하였고 책으로 엮어내고자 또 많은 분을 수고롭게 합니다.

그럴만한 일이다 싶어 한껏 욕심부립니다. 삼십 대 초반 찻집을 하겠다며 탐방을 나섰더니 밥 굶을 일 있냐며 한사코 만류하는 것을 뿌리치며 겁 없이 뛰어든 일이었습니다. 연초록의 차탕 그 순하고 맑은 맛에 속절없이 매료되고, 저로서는 차실을 가지면 온종일 차를 마실 수 있겠다 하는 간절함 뿐이었습니다. 무엇보다 찻일은 불법의 서원을 발원한 제가 가야 할 제 삶의 목적에 힘이 될 수 있겠다 싶었고, 나름 잘 할 수 있겠다는 자신감도 있었습니다. 무엇보다도 인생에서 몸과 마음이 가장 실할 때 열정적으로 쏟아 냈던 일이기도 했습니다. 마지막으로 시중市中 찻집에서 차와 사람이 만나 꽃피웠던 우리들의 이야기들이 진주 차풍이요, 훗날 한국 차문화의 한 편린으로 남아있겠지요.

　서향, 붉은 저녁노을이 창살 격자문 한지에 곱게 번지는 97년 8월 8일, 죽향이란 당호로 찻집 문을 열었습니다. 차실은 저의 세상이 되었습니다. 처음 문 연 그날부터 오늘까지 하루도 쉼 없이 찻물을 끓이고 차를 우리며 늘 누군가와 함께했던 날이 어느덧 스무 해입니다. 한밤중 달과 별을 벗하며 찻물을 길러 지리산 언저리를 누비던 일이 생생합니다. 하나둘 애살스러웠던 차실의 지난 일들이 뭉게뭉게 꽃구름으로 피어납니다. 어느덧 죽향은 차향 깊이 배이고, 다녀간 사람들은 옛사람이 되어 갑니다.

　이런 죽향은 제게 삶을 알게 해준 배움터입니다. 인생을 새롭게 깨어나도록 한 수행터입니다. 하루하루 차를 다루는 일로 많은 사람을 만나고, 넓은 세상을 보게 되었고, 깊은 의식의 세계를 체험했으며, 법의 실체도 알게 되었습니다. 이 모두 차가 준 축복이요, 차가 있는 죽향이 베푼 은혜요, 죽향에 다녀가신 인연들 덕분입니다.

　죽향이 늘 말하는 차, 그 차는 물질이면서 정신입니다. 오랜 차 역사를 가지고 있고, 두터운 차 학문을 이루었으며, 다양한 장르의 차 예술을 펼쳐 내면서 깊은 정신세계로까지 안내해 주는 이 시대가 요구하는 인문학이며 행동 철학입니다. 질기로 한로, 상강이 되어야 차꽃은 만개합니다. 차 씨와 차 꽃, 한 몸에서 사이좋게 만나 영화로운 늦가을을 만듭니다. 이른 봄날 차 싹 머금은 싱그러움만큼이나, 늦가을 비껴선 햇살 아래의 차나무는 자신을 꼿꼿이 지켜 내는 견고한 아름다움의 절정입니다.

올해는 예년보다 더 많이 맺고도 다소곳 여전히 수줍게 핀 차 꽃을 봅니다. 밝은 흰 꽃 은은한 향, 겸양과 겸손의 자태 그대로입니다. 떠벌여 요란하게 소리 내는 죽향이 갑자기 부끄러워집니다. 안팎살림 아직도 엉성하고 싱겁기만 합니다. 짭지게 뭐하나 척 드러낼 것 없는 그렇고 그만한 일로 야단을 떠는가도 싶습니다. 하지만, 20년을 새로운 매듭으로 삼아 앞으로 더 정진하며 간 맞추어 살겠습니다. 차의 덕성 온몸으로 익혀 하화중생 상구보리의 서원대로 살겠습니다. 매다옹賣茶翁, 차 파는 늙은이로 오래 곁에 남아 있고 싶습니다.

덕분에 동안의 스무 해를 숨 가쁘게 오르내렸습니다. 정겹고 사무친 일들 만나 뜨겁고 행복했습니다. 오래도록 가슴에 담아 삭혀둔 감사와 존경을 올립니다. 이제야 새로운 시작이다 싶습니다. 더 큰 응원 바랍니다. 고맙습니다!!

2017년 11월
飛鳳歸所臺에서 화담 김형점

죽향 아리랑

임동창 – 음악인

풍류 2012년 3월 26일 오후 4시 30분
전국 8도 아리랑 작곡을 마친후에
에필로그처럼 만들었다.

좋은 인연
멋진 인연
아름다운 인연
죽향 20주년을 축하하여...
평소의 고마움을 이렇게 작은 재주로
작게나마 보답할 수 있어 기쁩니다.

죽향 아리랑

글 김형점 · 곡 임동창

1. 별 이며 달 이며 벗 - 을 삼 - 아
2. 사 람을 만 나서 차 - 를 마 시 고

지 리산 언 저리 누 비고 다 녔 네 신 령스
예 술의 향 기에 흠 - 빽 젖 어 요 신 령스

런 차 - - 한 잔 에 우 리 - 의
런 차 - - 한 잔 에 우 리 - 의

(Bass: A♭ G♭ F E♭ D♭ A♭) D♭

사 - 랑이 있 어 오 - 고 가 - 는
이 야기가 있 어 오 - 고 가 - 는

많 - 은 사 람 들 죽 - 향 향 기로 맑 아 지
많 - 은 사 람 들 죽 - 향 향 기로 맑 아 지

네 아 리랑 아 리랑 아 라 리 요
네

죽 - 향 향 기를 따 라 간 다

13

空間

차향이 머무는 곳

時間

축하 글발

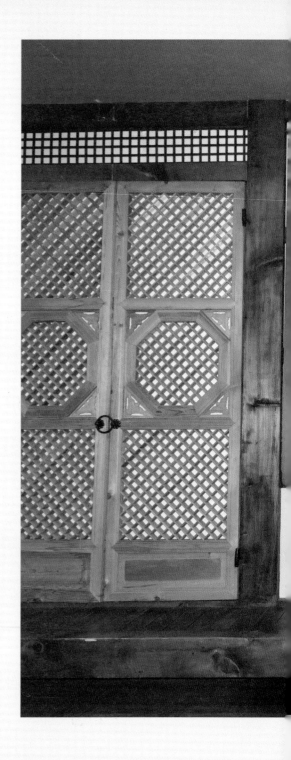

I

진주 찻자리 의

대들보며 버팀목인 …

박노정 — 시인

죽향 20년엔
주인 內外의 인내와 끈기,
정갈하고 청빈한 미각의 방점
아무나 범 할 수 없는 法道가 서려 있다.

죽향 20년
눈물과 땀 잘 어우려져
갓 맑게 발효된 곳
앞으로 30년, 40년, 함께 만들어 갈 찻자리

죽향!
사투리처럼 질긴 진주 찻자리의
대들보며 버팀목인,
오늘도 나는
온몸 찻물들어 발걸음 가볍게
죽향을 나선다.

Ⅱ
죽향, 다시 울울창창 하시라

1. 오래 전 갓 결혼한 우리 부부는
   아마도 진주에선 첫 번 째로
   전통찻집 '아란야'를 운영한 적이 있다.
   나름 열심히 한다고 했지만
   이 년 만에 문을 닫고 말았다.

2. 그 뒤 죽향의 발걸음을
   첨부터 가까이서 지켜봤다.
   어쩜 저렇게 부창부수, 한마음 한뜻으로
   찻집을 잘 가꾸어 가는지
   탄복한 적이 한 두 번이 아니었다.
   첫 마음 그대로 변함없는 저 끈기는
   바로 내외의 진정한 根氣라는 생각이 들었다.
   집을 옮겨 예전보다 멀리 떨어진 거리에도 문득문득
   나도 모르게 발걸음에 신이 붙어
   죽향으로 향할 때가 여러차례다.
   죽향 20년 ! 다시 동동 어깨동무로
   울울창창하시라.

   도무지 남의 일이 아니다.

스무 살의 죽향,

비봉산 자락이
남가람에 닿을 거리쯤
스무해 묵은 편액의
竹香이란 자획이
그윽한 茶香나누는
茶의 명소,
굽돌아 흐르는 강물에
한가론 물결 만들고 있다.
살가운 주인, 반기는 미소에
茶人들은 茶香 매듭을 잡고
계단을 오른다.
창밖은 어둑살 지고
오래오래 잊히지 않을
인연으로 앉는다.
훈김 모락모락 피어오르는
저마다 잔을 들어
따로따로 마시면서
서로를 향해 마음 한점 얹어도
竹香은 편하고 싹싹하여
참 좋다.

2017년 11월 19일
죽향 20주년을 축하하며 도원 이창호 - 화가

24

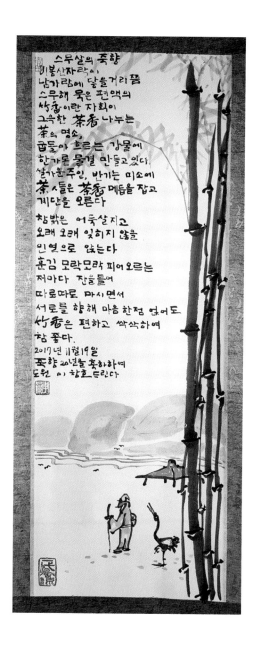

스무살의 죽향

비봉산자락이
남가람에 닿을거리쯤
스무해 묵은 편액의
차향이란 자회이
그윽한 茶香 나누는
茶의 명소,
굽돌아 흐르는 강물에
한가론 물결 만들고 있다.
살가운주인, 반기는 미소에
茶人들은 茶香 메듭을 잡고
계단을 오른다

차밝은 어둑살지고
오래오래 잊히지 않을
인열으로 앉는다
훈김 모락모락 피어오르는
저마다 잔을들어
따로따로 마시면서
서로를 향해 마음 한점 얹어도
竹香은 편하고 싹삭하여
참 좋다.
2017년 11월19일
죽향 20년을 축하하며
도원 이향초 드린다

夢
茶
夢

솔내 정장화

백 리 물길 두류산 양단수가
강우 고을 촉석 벼리 휘감아 흐르고
청명 곡우 時雨 맞아 雀舌이 요란하더이다.

새봄 누리에 덩달아 마음 달아
찻자리 너럭바위 하늘하늘 꽃비 듣고
물소리 새소리에 茶香조차 잊었다가
기약 없는 님의 꽃자리에 뜬금없는 百夢이 머물더이다.

눈을 열면 그대로 햇살 고운 봄날만 우두커니 –
온기 잃은 하얀 쌍잔 담연두 햇차는
이미 잿빛 산그늘에 잠겨 있더이다.

또 하루,
이렇게 엷은 春夢이 참 야속하더이다.

그대 – 누구시던가?

갓 스물, 晉州의 竹香이옵니다.

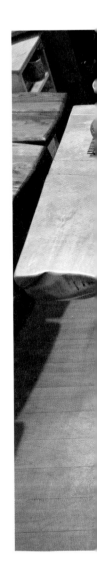

개원 20주년을 축하하며

채원화 | 효당본가 반야로차도문화원 본원장 · 효당사상연구회 회주

죽향 차실이 문을 연지 올해로 스무 해가 된다고 한다. 강산이 두어 번 바뀔 결코 짧지 않은 시간이다. 언제나 들어서면 고유한 향취를 물씬 풍기는 차문화 공간이다. 좋은 차와 다양한 차기, 짜임새 있는 실내배치, 사람에 대한 배려와 친절은 물론이고 차문화에 대한 화담과 그 부군 김종규 사장의 열정과 끊임없는 노력은 '죽향'이 오늘날까지 발전하게 한 원동력일 터이다.

만물은 인연법에 의해 유전한다고 한다. 사람과 사람과의 인연은 지향하는 바가 같아 보람 있는 일을 함께 도모하여 그 기쁨과 가치를 공유하면 길게 이어지게 되고 오랜 세월 거듭하면 깊이 뿌리내리게 된다. 차茶의 길에서 만난 화담和潭 김형점 차인과 나의 인연이 그러한 듯하다. '화담和潭'은 김형점 차인이 효당본가 반야로차도문화원 제8기생으로 수료할 때 효당본가에서 공식적으로 내려준 차호이다. 차제에 국내외에서 화담과 함

께한 차문화 여정을 되돌아보고 그 가슴 뛰던 보람들을 새롭게 느껴보고
자 한다.

　내가 화담을 처음 만난 것은 2001년 무렵이다. 진주시 문화원 초청으
로 2001년 4월 12일 '생활 속의 차도'라는 주제로 오후 2시부터 4시 30분
무렵까지 80여분 동안 특강을 하게 되었다. 그 당시 흔하지 않던 '차도'라
는 주제의 강의라 신선한 바람을 일으킨 것 같았다. 얼마 후 진주시문화원
측에서 차도대학을 개설하여 일 년 과정의 정규강좌를 부탁해왔다. 그래
서 한 달에 두 번, 격주로 내려가 세 시간 남짓 강의를 하였는데 수강생 모
두가 참으로 열성적이었다. 약 40명 가까운 수강생 가운데 유난히 열성적
인 사람들이 있었는데 그 가운데 한사람이 죽향 주인 김형점 차인이다. 특

히 화담의 첫인상은 세월이 많이 흐른 지금도 선연하다. 진주시문화원에서 반야로차도 일 년 과정을 수료한 문도 중심으로 2002년 10월 3일 제52회 개천예술제 행사에 논개를 추모하는 공식적인 행사로 동참하였다. '논개의인 추모헌 공차례'라는 제목하에 수료생들이 논개 사당에서 위패 등을 정성스럽게 모셔 나와 촉석루 추모제 상위에 안치한 후 차례대로 줄지어 나가 예를 갖추어 차를 올리며 거행한 행사였다.

2003년 1월에는 주불한국대사관 한국문화원 초청으로 우리의 차문화를 소개하기 위해 프랑스 파리로 가게 되었다. 그 인연의 단초는 지난번 촉석루 행사 때 그 자리에 있었던 강남숙 선생의 관심 어린 노력으로 이루어졌다.

드디어 1월 8일, 화담을 포함한 문도 6명과 함께 열두 시간이라는 긴 비행 끝에 파리의 드골공항에 도착하니, 파리에서는 드문 20년 만의 폭설로 눈이 하얗게 내려 있었다. 여덟 시간의 시차에 채 적응도 하기 전, 준비해 간 차구와 차식 등을 챙겨 파리 시내 중심부에 있는 한

국문화원으로 가니 프랑스인과 현지 교민들이 모여들기 시작했다. 저녁 6시경이 되자 주불한국대사관의 공사를 겸한 손우현 한국문화원 원장의 초청 인사말을 시작으로 애쓴 교민과 귀빈소개, 나의 간단한 답례사에 이어 반야로 선차도禪茶道를 시연했다. 이어 두레차회와 편안한 접빈차회까지 밀도 있게 진행되었다. 특히 그들은 반야로 선차도에 깊은 충격과 황홀감을 느꼈으며 한국의 선禪과 차茶는 품위와 아름다움을 갖추고 있다고 격찬하였다. 그들이 처음 대하는 반야로 차 맛에 대한 반응 또한 대단했다.

화담을 비롯한 진주 문도들과 함께 세계문화의 심장인 파리에 가서 한국 차문화를 처음으로 알린 그 도전은 참으로 뜻깊은 차도 여행이자, 멋진 겨울 여행이었다. 이 행사의 계기로 2004년과 2006년 두 번 더 초청받아 파리에 가서 한국 차문화 축제행사를 치렀다.

연이어 그해 겨울, 2003년 12월 25일에 반야로 차도문화원이 주관하여 효당 스님 탄신 100주년 기념 전년제 행사로서 진주에 소재한 경남문화예술회관에서 '한국차도문화예술제'를 개최하였다. 서울 본원에서 40여 명의 문도들이 내려와서 한국 현대 차문화의 발원지나 다름없는 진주 일대의 많은 차인들과 함께한 참으로 특별한 차문화 행사였다. 그 여력으로 이듬해, 2004년 12월 19일에 서울 동국대학교 예술극장에서 가진 효당 탄신 백주년 기념행사, 2006년 8월 15일 한국불교역사문화기념관에서 개최한 '효당 최범술 스님 추모학술대회'도 성황리에 마칠 수 있었다.

2009년 5월에는 외교통상부 지원 아래 동북부유럽의 벨라루스와 러시아에서의 한국 차문화 선양을 위한 11박 12일의 차도장정을 떠났다. 구소

련연방국인 벨라루스 국립중앙박물관에 한국관이 처음 개설되어 그 수도 민스크에 주재하는 한국대사관의 정식초청으로 그 개관식 기념행사에 반야로선차도 시연을 비롯해 우리 전통 차 맛과 차식의 찻자리를 펼치기 위해서였다. 파리를 비롯한 벨라루스, 러시아에서의 흔치 않은 반야로차도 여정에 화담이 함께 하여 우리는 그 추억을 공유하고 있다.

화담은 2013년 효당 스님 문집 발간을 겸한 반야로차도문화원 개원 30주년 기념행사 때도 물심양면으로 도왔다. 무엇보다도 고마운 것은 내가 수년 동안 매달 두 번씩 내려가 강의할 수 있도록 반야로 분원처럼 죽향 차실의 3층을 제공해주어 효당본가 반야로차도 제11기생과 제13기생을 배출할 수 있었다. 현재 반야로 차도문화원을 정식 수료한 진주 문도는 모두 24명이다.

올해 7월 27일 '만해와 효당 최범술 학술대회'에도 진주에서 화담을 비롯한 많은 차인들이 참석하여 자리를 빛내주었다. 그 외에도 화담은 국립국악원 우면당과 예악당 등, 대내외 반야로 선차도 공연에 문도로서 동참하여 효당본가를 빛내주었다. 이제, 산자수명한 진주에 자리한 '죽향'이 새로운 전환점에서 거듭 발전하여 차문화의 대 도량이 되고 화담과 그 부군 양주兩主는 오래도록 밝은 등불 되기를 기원한다.

다시 한번 '죽향' 개원 20주년을 진심으로 축하한다.

成年을 맞는 竹香

류건집 | 서산포럼 지도교수

　새봄을 맞아 죽향이 성년의 나이에 이른 것을 진심으로 축하한다. 진주는 예로부터 지리산록에 자리하여 강 좌우 지역을 통틀어 역사가 오랜 고장으로, 진양호와 진주성 의암이 있는 전통이 빛나는 승지다. 예술과 음식문화는 신라 때부터 이름을 얻었고, 남강을 낀 자연환경은 수많은 인재를 배출했다. 내가 죽향과 연을 가진 것은 오래전에 차 공부를 위해 만난 것이 처음이었다. 먼 길 마다하지 않고 열성으로 다니던 모습이 아직도 생생하다. 그리고 제1회 진주 다솔사 차문화제도 그런 연으로 참여하게 되었다.

　자고로 사람이 살기 좋은 고장은 물맛이 좋아서, 산물이 풍성하고 인심이 순후했다. 진주는 물이 좋기로 이름났으니, 진작부터 차문화가 뿌리 내린 곳이다. 명산이 있으면 반드시 좋은 샘이 있고, 좋은 샘이 있으면 반드시 좋은 차가 있다고 하지 않았던가有名山必有名泉 有名泉必有佳茶, 봉명산鳳鳴山 다솔사多率寺, 직하고택稷下古宅, 하천재荷泉齋 등은 이 지역 차문화의 빛나는 자취들이고 자랑거리다. 지난날 이곳에 모인 선배 차인들이 진주다례회晉州茶禮會, 다선회茶禪會, 죽로회竹露會를 결성하여 전국으로 확대되었고, 그 줄기가 오늘까지 이어져서 진주의 차문화를 이루어 놓은 것이다. 이 같은 토양 속에서 20여 년 동안 찻일에 온 열성을 다 바친 죽향차문화원 주인 부부와, 그 문하에서 활동하는 회원들께 축하의 박수를 보낸다.

창조주가 우리에게 출발부터 탄탄대로로 아무 막힘없이 끝까지 편하게 뻗어 가도록 할 턱이 없다. 반드시 중도에 수많은 가시밭길을 지나고, 험난한 자갈밭을 지나야 목적하는 바에 이르도록 해 놓는다. 지난날 죽향이 걸어온 길에 왜 어려움이 없었겠는가마는, 그의 맑은 인성과 대쪽 같은 바른 결로서 견디고, 차성茶性을 체득했기에 오늘에 이르렀으리라 믿는다.

죽향. 대나무에 향기가 있을 까닭이 없지만, 굳이 죽향이라 이름한 것은 아마도 그 말에서 풍기는 형이상학적 의미가 있으리라 생각된다. 혹 쉽게 죽로차향竹露茶香이라 해석될 수도 있지만, 보다 깊은 뜻이 스민 말이다. 죽竹은 원래 고악팔음의 하나로古樂八音之— 관악기에서 나오는 아름다운 소리를 공감각적인 방법으로 차 향기에 접맥시킨 것이 죽향이다. 상징성이 강하다.

앞으로도 세속적인 유파나 아집我執에 얽매이지 말고, 아름다운 인연 따라 오직 차 정신 속에서 좋은 전통을 오래오래 이어나가길 충심으로 빈다.

1만 劫의 善根因緣으로 사제관계를 맺다!

조기정 | 목포대학교 국제차문화 산업연구소장

한국의 차 명소로 유명한 진주의 〈죽향차실〉이 올해로 성년이 된다고 한다. 원고 청탁을 받고 차인의 한 사람으로서 기쁜 나머지 허둥지둥 서둘러 축하의 글을 써보는데, 생각만큼 그리 쉽지가 않다. 평생 건조한 논문만을 써온 터라 언제 이런 글을 써보았겠는가! 그간 〈죽향차실〉과 인연을 맺었던 강호제현의 너그러운 양해를 구하며 부끄럽지만 서투른 글을 써보기로 한다.

차와의 인연으로 필자가 진주를 찾은 것은 90년대 후반으로 기억된다. 당시 진주에는 효당 스님과 아인 선생님의 영향으로 여러 차회가 있었는데, 백운 선생과 청운 선생을 중심으로 하는 차회도 그중의 하나였다. 물어물어 자굴산 아래 〈덕암산방〉을 처음 찾아갔다가 덕암의 소개로 백산이 운영하는 〈선다원〉과 무정이 운영하는 〈동편제〉를 알게 되었다. 세 곳 모두 필자에게 강한 인상을 남겼는데, 그야말로 충격 그 자체였다.

〈덕암산방〉은 과거 낙향한 문인의 서실을 인수하여 덕암이 차실 겸 각종 산야초를 이용한 발효식품을 연구하고 개발하는 공간으로 쓰고 있었는데, 위치도 기가 막혔지만 건축물 또한 타의 추종을 불허할 정도였다. 또한, 덕암의 해박한 지식과 포근한 인간미가 일품이었다. 그 때문에 2박 3일 밤낮없이 차담이 계속되었고 우정은 깊어만 갔다.

덕암의 소개로 차츰 진주 지역의 명사들과 교류를 하게 되었다. 아인 박종한 선생님, 이상호 교수님, 박군자 회장님, 창산 윤창기 선생님, 정헌철 교수님, 정헌식 회장님, 허권수 교수님, 신구, 단산, 여민 등을 들 수 있겠다. 아마도 이즈음에 죽향차실에서 덕암의 소개로 죽향 내외를 처음 만난 것으로 기억하니, 벌써 20년 세월이 흘러간 셈이다.

이후로는 주로 덕암산방과 죽향차실을 오가며 진주의 명사들과 날밤을 새워가며 차와 곡차를 번갈아 마셨는데, 좋은 차를 마신 덕분인지 아니면

젊어서 그랬는지 과음 후에 누구도 흐트러짐이 없었다. 오히려 더욱 왕성하게 차의 세계와 인류의 삶에 대해 고담준론을 펼치며 날이 새는 줄도 몰랐다. 날이 새면 어김없이 시장통에 가서 복탕으로 해장을 하고 나서 반드시 또 차를 마셨다. 모든 만남을 차로 시작해서 차로 끝내는 식이었다.

필자의 진주행은 주로 일이 순탄치 않아 머리가 아플 때 이루어졌는데, 이상하리만치 주말을 진주에서 보내고 나면 머리가 감쪽같이 맑아지는 것이었다. 당시 필자는 대학 교육에 차문화를 도입하는 문제로 골머리를 앓고 있었는데, 진주만 갔다 하면 문제들이 술술 풀리는 것이 아닌가! 그래서 진주행은 더욱 잦아질 수밖에 없었고, 잦은 진주 방문으로 골치 아픈 모든 문제가 말끔히 해소되었다.

진주 방문을 통해 자신감을 가지게 되자 바로 대학 교육에 차문화를 도입하기로 하고, 2003년에 우선 교양으로 〈동서양의 차문화〉라는 과목을 개설했다. 반응은 기대 이상이었다. 수강생이 몰리며 다음 학기에는 3개 반으로 늘릴 수가 있었다. 2004년에는 일반대학원에 5개 학과 협동으로 국제차문화학과를 개설해 신입생을 모집했는데, 제대로 된 차문화 교육에 목말랐던지 대거 11명이 석사반 제1기로 입학하는 쾌거를 이룩했다. 이런 저런 동안의 두터운 인연이 고리가 되어 죽향차실의 안주인 김형점 선생도 제1기로 입학했다.

이후 매년 차문화의 확산을 위해 학교의 지원으로 학술세미나와 남도 화전놀이와 들차회를 개최했는데, 해마다 진주의 차인들이 대거 참석해 영호남의 우의를 돈독히 했다. 특기할 사항은 진주에서 목포까지 먼 거리도

마다하지 않고 아내의 수업을 위해 거의 매번 남편인 죽군이 늘 동행했다는 사실이다. 이를 통해 죽향 내외의 금슬琴瑟이 어떤가를 가늠할 수 있었는데, 죽군죽향의 남편 김종규을 일러 '외조의 왕'이라 해도 전혀 손색이 없다고 확신한다!

죽향의 김형점 선생은 외모는 물론 생각과 행동도 모두 차와 너무도 어울린다. 마치 차를 위해 이 땅에 온 것처럼 말이다. 그래서 그런지 차에 대한 일에는 몸을 아끼지 않는다. 전국의 크고 작은 차 모임에 열정적으로 참여하는 것은 기본이고, 지역의 굵직한 행사에도 주도적인 역할을 한다. 그래서 필자는 늘 차인들에게 김형점 선생을 소개할 때 곧잘 "차계의 대모"라고 한다.

차실 하나를 운영하기도 여간 어려운 일이 아닌데, 여기에 더해 후학들을 위한 차문화 교육은 물론 "죽향미인" 같은 명차의 개발에도 적극적이다. 이런 와중에도 손에서 책을 놓지 않고 학업에 열중한 결과, 2012년에 석사학위를 마치고 같은 해에 드디어 박사반에 입학했다. 꼭두새벽 첫차를 타고 등교해 수강한 보람이 있어 2014년에는 박사반의 모든 과정을 수료하였고, 이제는 마지막 과정인 논문심사만을 남겨두고 있다.

그 어렵다는 차실을 성공적으로 운영하는 것만으로도 자랑스러운데, 사제의 인연까지 맺고 사회 활동마저 적극적이니 얼마나 대견한가! 누구에게나 입에 침이 마르도록 자랑하며 진주에 가면 꼭 죽향차실에 가보라고 한다. 이것만으로는 부족하다 싶어 목포대학교 평생학습학부에서 시행했던 보성군의 특강에 필자 대신 김형점 선생을 초빙해 차실 운영의 성공사

레를 발표하게 한 적도 있다. 이때 정헌식 회장님께서는 진주차의 정신에 대해 열강을 해주셨다.

우리는 만날 때마다 늘 의재 허백련 선생님과 효당 최범술 선생님이 나누었던 아름다운 우정을 얘기하며 이를 본받자고 다짐을 한다. 2004년 제1기 대학원생들과 함께 진주를 답사해 아인 선생님을 모시고 특강을 들은 것을 필두로 거의 매년 상호 방문을 지속하고 있다. 금년만 해도 벌써 두 번이나 진주를 답사했다. 한 번은 필자가 회장을 맡고 있는 동서비교차문화연구회의 탐매 차회였고, 또 한 번은 여연 스님을 모시고 공부하는 명송 차회의 춘계답사였다. 답사 때 정헌식 회장님과도 얘기했지만, 차인들의 이러한 아름다운 만남을 정례화하고 공식화했으면 좋겠다.

부처님의 범망경梵網經에 8천 겁의 선근인연을 쌓아야 부부가 되고, 9천 겁은 형제자매로 태어나고, 일만 겁에 부모 또는 사제 간이 된다고 했다. 지금까지도 차인 간의 아름다운 만남으로, 또 사제 간의 따뜻한 사랑으로 돈독한 정을 나누어 왔다. 앞으로도 이러한 나눔이 꾸준히 지속되어 아름답게 회향할 수 있기를 간절히 바란다.

마지막으로 죽향차실의 성년식을 열렬히 축하하며, 죽향 내외의 노고에 힘찬 박수를 보낸다! 그간 죽향차실을 아껴주신 모든 분들께 감사드리며, 지속적인 성원을 부탁드립니다. 죽향차실의 무궁한 발전을 기원합니다! 감사합니다!

2017.
동서비교차문화 연구회와
진주연합 차인회교류
-작은 학술 발표 및 탐매 차회-

일자 ▶ 2017. 3. 10.(금)
시간 ▶ 오후 7시 30분
주최 ▶ 죽향차문화원

市中茶道

진주의 그 찻집, 진주 죽향, 남강에 떠운 차향기, 대숲 차향기, 진주 차향기,
손에 닿은 찻잔, 세 갈래 찻잎,

정현식 | 한국차문화역사관 백로원 대표

'죽향다원' 개원 20주년을 축하하며

진주시내 한가운데 자리한 죽향다원竹香茶園은 두 가지 길을 가고자 하였
다. 하나는 찻집으로서의 기능이고 다른 하나는 차도교육장으로서의 기능
이다. 주인은 그 역할을 다하기 위해 자신을 가혹하게 단련시키고 장소를 2
층과 3층으로 나눠 구조화시켰다.

개원하자마자 20년 지난 여태껏 그 역할에 충실하고자 다양한 프로그램
을 개발하여 열과 성을 쏟았다. 온전히 그 자리에서 차 한 잔에 휴식을 담아
즐거움을 주고 긴장을 담아 각성의 시간을 건네기도 하였다.

손님을 맞아 대접하고 차회를 열어 외부와 소통하고 차시음 봉사활동에
적극 참여하였을 뿐만 아니라 국내는 물론 나라밖 차문화 교류에도 참가하

죽영당

여 한국차문화의 향기를 알렸다.

차의 매력은 고유한 차맛에서 비롯된다. 차가 지닌 고유한 성질은 무엇보다 차의 색色·향香·미味이다. 세계 6대 차류에는 흰색과 검은색 사이에 무한한 모든 색을 포함하듯 다양한 색향미의 스펙트럼을 이루고 있다. 눈으로 보는 황금빛 연두색부터 흑장미색, 코로 들어오는 은은한 향취, 오미五味라 불리며 입에 닿는 미묘한 맛, 이 요소들이 인간의 기호생활을 흔드는 차문화의 축이다.

여기에다 약기운이 있어 몸을 가볍게 하고 정신을 일깨운다. 차가 주는 휴식과 각성의 효과는 즐거움을 넘어 의미연관을 맺고 기호생활의 한 형식으로 인류문화의 중요한 영역으로 들어오게 되었다.

차나무는 남쪽지방에 자라는 상록수이며 황금수술을 실은 향기로운 하얀 차꽃을 가을에 피운다. 특이하게도 작년에 맺은 열매는 올해 핀 꽃을 보고나서야 비로소 땅에 떨어진다. 그래서 열매와 꽃이 만난다고 하여 이를 실화상봉수實花相逢樹라고도 한다. 상스러운 차나무, 봄에 깊은 땅속으로부터 끌어올린 기운이 서린 어린 찻잎으로 차를 만드니 향기로

움이 가득할 수밖에 없다.

고유함이 이와 같으니 이를 담아내는 찻잔이며 차도구들이 귀중한 작품이 되어 소중하게 다뤄질 수밖에 없는 것이다. 화로, 탕관, 차관하며 찻잔을 올릴 찻상, 그리고 손님을 맞이할 차실 혹은 차사랑방과 같은 차공간조차 유난히 신경이 쓰인다.

차공간茶空間은 차인茶人과 차와 차도구가 어울려 제 모습을 드러낸다. 찻상 위에 놓인 간맞은 차 한 잔은 차공간을 압축하고 있다. 법제法製된 영물靈物, 우리는 그 차 한 잔을 마신다. 극소極小의 신체적 자극刺戟이 무한無限한 정신적 자국을 남긴다. 고단한 생활을 위로하고 상상력을 낳고 무한성에 다다른다. 시詩가 되고 작품이 되어 생활의 한가운데 의미 있는 흔적을 남긴다.

철인들은 인생을 재미있게 살아야 하나 생각할만해야 한다고 말한다. 재미있게만 살면 허무하기 때문이란다. 차와 커피 그리고 술은 가까운 친척음료이다. 기호생활은 활력이자 꿈이며 무한성의 동경이다. 유한한 인간에 대하여 구체적인 것과 추상적인 것 사이에 다리 놓기, 삶과 죽음 사이에서 위로하기이다. 회화, 연극, 영화, 음악, 문학 등과 같이 예술藝術의 영역과 크게 다르지 않다. 그리하여 차문화茶文化 속에서 차선茶禪, 차예茶藝, 차례茶禮, 차도茶道, 꼬리를 달고 차선일미茶禪一味, 차도무문茶道無門, 유천희해遊天戲海와 같은 무한성과 관련된 용어가 나오게 된 것이다.

오늘날 국민 모두가 이와 같은 차를 쉽게 마실 수 있게 된 데에는 진주에서 초기 차인들에 의해 일어난 '한국차문화운동'이 초석을 놓았다면, 진주

시민들이 쉽게 차를 접할 수 있게 된 데는 '죽향다원'이라는 차공간이 있었기 때문이다.

　주인은 스무 해 찻집을 운영하면서 여태껏 문을 닫아본 적이 없다. 설이다 추석이다 공휴일, 주말을 맞이하고 경조사를 당하더라도 찾은 손님의 마음을 담아내기 위해 세심한 배려를 했다. 이것은 결코 쉬운 일이 아니다. 사실 그렇게 한다는 것은 주인부부는 물론 가족과 긴밀한 협조가 있었다는 것을 증명한다. 안주인이 주축을 이루어 운영하는 가운데 부군 김종규 사장의 적극적 외조는 진주 차인들은 물론 타지역 차인들에게도 정평이 나있다. 이와 같은 일은 경제적 활동을 넘어서 차의 정신을 실현시키려는 주인의 사명의식에서 비롯된 것이다.

　차의 효능과 매력에 대해서는 이미 앞에 언급했지만 이러한 요소들을 맛보기 위하여 손님들은 찻집을 찾는다. 주인은 죽향다원이 찻집으로서의 당연한 기능 외에 여기에다 차도교육장으로서 차정신을 담아내려 무척 애썼다. 차도의 길을 따르려 서울을 오르내리며 명원茗園과 원화元和 선생 문하에 들어가 차문화 수업을 받았다. 특히 차생활 연구에 평생을 다한 원화 선생 문하에서 효당曉堂 스님의 차 세계를 안내 받으며 차의 정신과 차의 행법行法을 엄격하게 배우고 수련을 쌓았다. 원화 선생의 차법茶法에는 효당스님의 차 정신이 오롯이 담겨 죽향 주인에게 전해진 것이다.

　죽향다원 주인 김형점 원장이 표현하는 주된 차법은 두 가지이다. 혼자 정좌하여 차로써 행하는 선수행禪修行인 '독수선차獨修禪茶' 그리고 여럿이 마음을 맞춰 행하는 '공수선차共修禪茶'이다. 원장의 차의 행법은 경쾌하면서도 엄정하다. 독수선차의 행법에서 산속 절집 스님들의 수행 방편인 '산중차선山中茶禪'이 내포되어 있고, 공수선차에서 시민들과 함께 할 수 있는 '시중차도市中茶道'가 읽혀진다. 독수선차에서 공수선차로의 전환에서 산중의 닫힌 차회에서 시중의 열린 차회로 향하는 지시등처럼 느껴진다. 선차수행에서 행위동작 속에 숨겨진 세심한 손길은 일상에서 즐겁게 수행하며 살아가는 시민들을 향한 배려이자 곧 자신의 수행이다.

고요함이 깔린 무대에서 관중에게 전하는 차법은 대중에게 차정신을 전하는 시중차도로 승화된다. 간맞은 차를 내는 내밀한 행위동작에는 조형의식造形意識이 흐른다. 그와 같은 차 한 잔에는 부분과 전체를 아우르는 통찰의 지혜가 묻어난다. 이 순간이 차문화에서 가장 귀한 순간으로 여기는 "신神하다"의 경지이다.

죽향다원의 차 한 잔에는 손님이 가진 극히 작은 것에서부터 깊은 의문까지를 풀어줄 수 있는 손님맞이의 정성이 담겨있다. 차 한 잔이 가진 기호생활이란 이와 같이 사소한 행위가 무한성을 담고 있는 본래의 모습이다. 이러한 찻집에서 차의 사회화社會化 에너지가 나올 수 있는 것이다.

자연의 이치를 물리학에서 단순한 수식으로 압축하여 무한한 응용력을 갖추고 있듯이, 우리는 삶과 사유의 다양한 형식을 차문화에서 가장 작은 차회로 압축하여 생활에 무힌히 응용할 수 있다는 믿음을 가질 수 있게 되었다.

진주차풍晉州茶風은 시민의 생활철학이자 생활의식에 혁명을 일으켜 대사회성의 자각과 실천을 통해 '사회공진화社會公進化'를 앞당기고자 했다. 중국, 일본, 러시아, 미국 세계 최강대국에 둘러싸인 한국은 자만의식도 패배의식도 간맞음으로 녹여 소강국小强國의 길로 가고자 죽향 주인을 비롯한 차인들은 시민들에게 차 한 잔을 권하는 것이다.

진주연합차인회 대표로서 나는 최근 몇 년 사이에 진주차풍, 한국차문화 운동의 정신을 오늘에 되살리고 문화도시 진주의 자존을 살리려 두 축제를 여는 데 죽향 주인과 함께했다. 처음 여는 '다솔사 차 축제'와 '진주차문화 축제'를 추진, 집행하는 가운데 이웃과 시민들에게 따뜻하게 맞이하여 세심한 배려로 차 한 잔을 대접하는 죽향 주인의 열성적인 모습은 지금도 오롯이 각인되어 있다.

나는 죽향다원이 개원한 후 그곳에서 차를 마시며 20여 년 넘게 지켜보았다. 나의 주변 차인들을 비롯한 차를 마신다는 사람이면 거의 모두 즐겨 그곳을 찾아 차 소식을 듣고 일상의 자잘한 이야기를 서로 나누며 지냈다. 진주의 귀한 명소로서 죽향다원은 지금까지 그 역할을 다하고 있다.

앞으로도 쉽지 않는 차계 환경을 이기고 더욱 시민들 속으로 다가가 차 향기를 전하는 '죽향다원'이기를 기대한다.

죽향과 나와의 인연

동초스님 | 봉일암 암주

예로부터 대나무는 군자君子나 지사志士들의 충의, 절개, 지조를 상징해왔다. 그 푸르고 곧음이 불의에 꺾이지 않는 불굴의 심성을 연상케 한 것이다. 내면이 허정하면서도 절개가 있는 것은 곧 인간이 가져야 할 도덕성에 견줄만하다. 하여 이런 대나무를 자신의 상징으로 삼고 내면화한 사람이라면 그 삶의 방향과 자세가 기특하고 본받을 만할 것이 틀림없다.

며칠 전 죽향의 주인 부부가 찾아와 20주년 기념행사와 관련한 책의 원고를 부탁하고 갔다. 이 졸승과의 오랜 인연을 깊이 생각하여 주는 것이 기특하여 승낙했다. 결사 중에 미루어 놓고 안쓰니 재차 독촉이 왔다. 기왕에 지난 인연을 말하는 것이 수행자로서 격에 맞을지는 모르겠으나 또 이 30년 지기들과 만들어 온 발자국이 눈에 선하여 이들과의 이야기를 옮겨본다.

양주兩主를 처음 만난 것은 80년도 중후반쯤으로, 이곳 다솔사 봉일암의 죽로선실에서 같이 차를 나누었던 기억이 난다. 당시 그들은 내외 모두가

무척이나 수줍음이 많았던 새내기 부부였다. 가벼운 차석茶席이었음에도 내 앞에서 얼굴도 제대로 못 드는 형편이었으니 지금에 와서 생각해 보면 웃음이 절로 난다.

그렇게 만나 인연을 맺은 죽향 부부가 20년 전 전통찻집을 개원한다 하기에 나는 슬며시 걱정이 앞섰다. 맛이 좋은 차를 내는 것과 그러한 차가 어울리는 공간을 만드는 것은 다른 일이며, 실제로 당시 많은 전통찻집들이 개업했다가 얼마 유지를 못한 채 사라지는 시속의 경향을 보아온 탓이었다.

허나 그러한 내 기우와는 다르게 이들 부부는 꺽달지게 차에 매진하여 오늘날 진주의 차문화를 대표하는 공간을 만들어 냈으니, 이를 중국식으로 표현한다면 진주점晉州店이 되었다고 할 수 있다. 그간의 노고를 치하하며 부군인 김종규 거사의 노력과 헌신에 축하를 보낸다.

나는 예전에 태백산 홍제암에 살았던 적이 있다. 그것이 이미 20년이 다 지난 일인데, 당시 죽향 부부가 나를 찾아와 죽향 다실의 옆 칸에 다도구점을 만든다 하여 오래된 송판에 아정雅亭이라 새겨 보낸 일이 있다. 때마침 구필口筆을 쓰는 현담 상인玄潭上人께서 홍제암에 머물던 때라 그에게 부탁하여 즉시 서각書刻 하여 보낸 것이다.

다구점의 이름을 아정이라 지은 것은 죽향을 찾는 모든 손님들은 일체를 막론하고 인연으로 공덕을 쌓으시어, 그야말로 우아하고 향기로운 차 한 잔을 즐기며 심신을 편안히 하시는 진정한 차인茶人이 되시기를 바라는 졸승의 마음을 담은 것이다.

공교롭게도 나는 죽향의 시작이 되는 시점에 글로써 관계하고 20년이 지나 그 발전을 말하는 시기에도 글로써 관계하게 되었다. 인연을 아름답게 여기면서도 인연에 얽매이면, 번뇌가 생기기 마련이다. 좋은 차 한 잔을 대할 때면 늘 그런 화두를 되뇌게 된다. 이제 앞으로도 죽향을 찾는 모든 손님들이 훌륭한 차가 있는 공간에서 만들어갈 좋은 업業을 기원하며 차의 덕을 칭송하는 시 한 수로 남긴다.

봉일암 죽로선실

茶樹之德 동초스님 ― 봉일암 암주

花實相逢白常青 화실상봉백상청
霜雪無關發黃蘂 상설무관발황예
開隱後葉不呈謙 개은후엽불정겸
伍葉形成伍智慧 오엽형성오지혜
茗根倍三堅中心 명근배삼견중심
破字百八休煩惱 파자백팔휴번뇌
碧水寒松淸月高 벽수한송청월고
香韻幽處分茶藝 향운유처분다예

丁酉春 曉空東初 題 정유춘 효공동초 제

차茶나무의 덕성德性

꽃과 열매 서로 만나
백옥인가 사철 푸르른 절조節操

서리 눈 관계없이
황금 꽃술 신비로워라

꽃은 잎새 뒤에 숨어 피어
드러내지 않는 겸양謙讓의 덕성德性

다섯잎 형성함은
다섯 지혜五智慧를 품었네

뿌린 두 세배 깊이 뻗어
진세塵世에 중심中心을 굳게 하고

파자하여 백팔 됨은
번뇌 망상 쉬고 쉬란 뜻

푸른 물 찬 솔밭
드높이 달 밝고 맑은 밤

향기롭고 운치 있는
그윽한 곳 차나 나눌 지로다.

瞑目思二十,　　명목사이십
行茶心一道;　　행다심일도
馨點布城中,　　형점포성중
因緣花多少.　　인연화다소

눈 감고 지난 이십년 생각하노라니
다도 향한 마음 한 길이었네,
차 향기 성중에 두루 퍼지니
인연의 꽃은 얼마나 피어났는가?

一段眞風見也麽,　일단진풍견야마
綿綿化母理機梭;　면면화모리기사
織成古錦含春象,　직성고금함춘상
無奈東君漏洩何.　무내동군누설하

진리의 한 소식 멋진 풍류 보는가, 마는가?

밀밀히 이어지는 조화모의 솜씨여,

직녀가 베 짜는 이치와 같아

옛 비단 폭에 봄풍경 짜넣었네,

어쩌랴 봄바람은 이미 진리를 누설하고 말았으니!

因緣之華如是然, 인연지화여시연

本末芬郁一支貫; 본말분욱일지관

香湯給水流南江, 향탕급수류남강

悠悠歲月滿行願. 유유세월만행원

인연의 꽃은 이같이 피어나니

아름다운 가지와 줄기 하나로 꿰어지네,

향과 차 올린 공덕 남강 물 되어 흘러서

유장한 세월토록 보현행원 이루소서.

佛紀 2561年 南江 楊柳 邊 晉州禪院 圓潭 些少 謹題

불기 2561년 남강 양류 변 진주선원 원담 사소 근제

남강 버드나무 옆 진주선원 원담은 삼가 몇 자 쓰다.

학

유영금 | 시인

물빛과 산빛이 두 번
이나 바뀌어 아득히 멀
어진, 그러나 죽어서도
잊을 수 없는 겨울이 있

다. 처절한 운명의 굴레를 벗어 던지려 강원도 첩첩 오지로 숨어들어 시도
했던 자살, 거듭 실패를 하고 되돌아 나온 빈 집 현관문엔, 산속으로 떠날
때 부치고 간 유서를 받은 봉곡동에서 발신된 "자살보류"라는 속달이 시뻘
겋게 핏물처럼 흐느적거리고 있었다. 현관문에 붙어 있던 봉곡동의 주소를
들고 나는 허둥지둥 남쪽으로 내달리는 새마을호 열차에 통증으로 무너져
내리는 몸을 싣고 있었다. 처음 발 디딜 낯선 역에 다다르자 손에 꼭 쥐고
있던 열차표엔 "자살보류"가 "자살취소"로 둔갑해 있었다. 그 곁에 작은 글
씨로 진주도착 이라는 종착지가 있었다. 진주! 진주는 내게, 함부로!! 죽음

을 반납시키고 한 걸음에 달려 내려가게 한 운명적인 곳이다!! 생의 막다른 벼랑길에서 만난 진주에는 눈물을 펑펑 쏟아놓아도! 처음 만난 곳이 아닌!! 따뜻한 손수건 같은 사람들이 내 눈물을 마구 닦아 주었다. 분명한 건 낯선 곳인데 전혀 낯설지 않은! 목 놓아 울다 정신 차려 본! 나를 다시 살게 한! "진주신문 가을문예"다. 눈물바다였던 시상식이 지나가고 .....후배들의 또 한 해가 지나가고 .....또 다른 후배들의 한 해가 지나가고, 자꾸만 지나가고, 그 한 해들이 스무 번이나 새마을호 열차처럼 지나갔다. 긴 시간이 발효되어 반추해 보니 떠나간 한 사내 때문에 삶을 죽음과 맞바꾸려 몸부림쳤던 순수와 어리석음이 부시도록 아름답기 조차하다. 팔자에도 없는 자살을 향해 탕진한 시간들이 거름이 되어 지금 초연하게 덤으로 살아 있는 것이 아닌가,

스무 해 전 처음, 박노정 선생님과 들어선 격조 있는 전통 찻집!!! 기품 있는 도자기 다기들, 빛바랜 한지를 곱게 두른 특이한 보이차들이 황토벽 사면으로 무리지어 천정 밑까지 둘러 앉아 도란도란 말을 걸어오고 있었다. 아연실색 할 만큼이었다. 인사동 어디에서도 만날 수 없는 독특한 매력을 지닌 고풍적인, 인상적인 것을 넘어 압도였다. 코끝을 찔러오는 짙은 차 향기에서는 깊은 산 속 풀냄새가 물씬 풍겨왔다. 십이월에 풍겨오는 따뜻한 풀냄새라......찻집 입구에서 찻집 안 구석구석, 방문한 집의 얼굴이 되는 화장실까지 개성 넘치는 풍경에 오랫동안 사로잡혔다. 진한 대추차의 깊은 맛은 대추의 신비함을 느낄 수 있었다. 아주 가끔 나가 보는 인사동 어느 전통 찻집을 들러도 대추 살이 짓무르도록 고아져 걸러낸 맛의 대추차

는 찾아 볼 수 없었다. 푸욱 고아 낸 한방 닭백숙의 외사촌 누이 같다고 해야 좋을 것 같은!! 정갈하게 곁들여져 나오는 갖가지 다식은 먹기도 아까워 오래 바라만 보고 있어야했다. 다식들의 생김새는 오지의 야생화 꽃이파리를 고스란히 닮아있었다. 날개하늘나리거나 섬초롱이거나 술패랭이였다. 또 하나, 내 마음을 전폭적으로 끌어당기는 것은 찻집 안, 한지를 다소곳이 차려 입고, 질서정연하게 앉아 셀 수조차 없는, 차 꾸러미들을 타고 흐르는 적막, 적막 보다 더 적막을 짓누르며 끌고 가는 음악이었다. 누구도 큰 소리로 떠드는 사람이 없지만 누구도 큰소리로 말하지 않아도 되는 곳이었다. 삼삼오오 정답게 두런거리는 사람들이 이미 적막이자 음악이 되고 있었다. 음악에 감전되어 그냥 앉아만 있어도 좋았다. 마음 깊은 곳을 고느적하게 붙드는 매혹적인 힘이 도처에 숨어 있는 집!! 도대체 그 힘의 원천은 무엇일까 궁금하던 거기!! 그 찻집을 거느리는 학 같은 자그마한 한 여자가 있었다. 단아한 쪽머리와 카리스마가 넘치는 눈빛을 지닌 여자, 김형점!! 그녀의 정신세계는 예술혼이 짙다, 짙다 못해 범접이 어려울 만큼이다. 손끝은 두메양귀비처럼 고혹이다, 고혹이다 못해 경이롭다. 그녀가 우려내는 보이차 맛은 네팔 산골짜기 어느 산기슭쯤에 닿아 있는 느낌이랄까...무아지경의 흔적이랄까...다도의 고수다!! 대가다!! 삼일마다 지리산에서 실어오는 사연수만으로 찻물을 쓴다는! 도자기 항아리 속에 콸콸 쏟아 붓던! 차 맛을 이렇게 깊게 매력적으로 표현해 낸다면! 술은 얼마나 맛있게 빚거나 마실까...라는 생각이 떠올랐다. 나는 술을 잘 마신다. 지상에서 가장 먹을 만한 음식중의 으뜸이라 생각한다. 내 생이 벼랑에 곤두박질쳤을 때 나를 무사히 이끌었기 때문이다. 나이를 불문하고 나는 그녀와 막역지우가 될 것 같았다. 스무 해 동안, 스무 번을 만나던 사이 딱 한 번 그녀와 그녀의 집에서 밤새워 술을 마신 적이 있다. 막역해져버린 겨울밤이 되고 말았다. 그녀의 따뜻한 마음이 몽땅 들켜버린! 또 잊히지 않는 눈물 나도록 고마운 옛일이 있다. 가을 문예 시상식이 끝난 뒤 전국에서 날아 든 사랑하는 후배들에게, 어마어마하게 웅장한 음악시설을 갖춘 삼층의 운치 있고 귀한 다도 실을 기꺼이! 아낌없이! 통째로 내주었다. 그때 알았다, 그녀가, 베푸는 기쁨을 느끼는 온도까지도 고온이라는 걸, 옛날의 필하모니 쯤에 와 있는 듯 우리들은 밤이 깊어가는 줄도 모르고 헤어질 줄은 더욱 몰랐다.

향기나는 사람을 길 위에서 만날 수 있다는 건 얼마나 행복한 일인가...아무 말 없이도 서로 말을 오랫동안 나눈 것처럼 말이 필요 없는 사람이 길 위에 있다는 건 또 얼마나 더 행복한 일인가, 존재만으로도 마음이 가득 차오른다는 것은 표현하기 조차 어려운 행복의 고지 아닐까! 그렇다! 차를 빚는! 음악을 껴안는! 고산을 오르는! 그녀는!! 내게, 이십년 발효된 보이차다. 이십년 무르익은 포도주다. 유년시절 산비알에 피던 두메양귀비다. 황홀한 차 맛과 저력 있는 음악이 다투어 압도적인!!! 동성동 죽향엔! 자그마한 학이 히말라야 안나푸르나를 날아오르고 있다.

잠시 속됨을 벗는 공간, 죽향

박희준 | 한국차문화학회 회장

　육우는 차를 구울 때 대나무 젓가락을 사용하였다. 다른 향기를 빠르게 흡수하는 찻잎이기에 차에 배인 대나무의 향기가 차 맛을 돕는다는 뜻일 것이다. 당나라 육우가 만들었던 제다 방법이 그대로 전해지는 우리나라 남도 지방 강진과 장흥의 돈차를 마실 때면, 대나무 젓가락으로 숯불에 차를 구워서 가루를 내는 옛 멋을 나도 가끔 즐기기도 한다. 죽통이나 죽순 껍질을 이용한 중국의 차 포장을 풀 때도 언뜻 스치는 대나무 향기를 그냥 지나칠 수 없다. 우리나라에서 1970년대 말 서울 죽림다회를 이끌던 다정 김규현 선생이 3년이 넘은 대나무를 소금에 삶은 뒤 겉껍질을 벗겨내고, 그 위에 정감이 넘치는 서예로 옛 고시를 적어서 차를 보관한 것도 차와 대나무의 어울림을 잘 이용한 예라고 할 수 있다. 이 대나무 차통이 일제 시대 때 이에이리가 쓴 〈조선의 차와 선〉에서도 이미 보고된 것이라, 우리나라 전통차 포장방법 가운데 하나일 것으로 보인다. 이제부터 차와

2014년 사라에보 윈터 페스티벌 한국차문화 대표단으로 참가

2016년 진주 차문화축제 한 · 중 · 일 헌다

그리고 대나무의 향기(즉 죽향)가 어울린 또 다른 이야기를 한번 해보려고
한다.

지금부터 20여 년 전, 지리산의 산소리와 물소리가 들리는 차를 만들
고 싶어 하동군 화개면의 목암 마을에서 차 교실을 열 때 일이다. 우리나라
'잭살차'가 홍차와 발효차와 제다 방법의 맥을 같이 하지만, 외부의 영향
없이 탄생한 자생적인 것이어서 우리 전통차의 다양한 모습에 감탄을 하
던 시기였다. 우리 발효차의 정리작업과 함께 복원작업을 한다는 것에 나
름대로 자긍심이 넘쳤다. 1986년부터 1988년 사이에 대만과 중국에서 보
고, 듣고, 직접 경험한 여러 가지 제다 방법으로 우리 차를 새롭게 해석하
는 시기였고, 하동, 구례, 산청, 광양 등 여러 지역을 탐방하며 가려졌던 우
리 발효차의 존재를 파악하는 것이 가장 급선무의 일이었다. 나침반이 되
어주신 분은 청암 김대성 선생과 한국차문화연구소의 정영선 소장이었다.
또한, 세상일에는 우연이 없듯이 비슷한 시기에 우리 발효차를 홍보하던
'달빛차'의 김필곤 시인 또한 나에게 격려와 큰 자극을 주었다.

나름대로 노력하여 햇빛에 시들리고 비벼서 말리는 햇빛 잭살과 그늘에
시들리고 비벼서 온돌에서 말리는 달빛 잭살을 만들었고, 대만의 포유념
을 이용한 알가차 그리고 대나무 죽통에 차를 넣은 뒤 구워서 죽향이 배게
하는 죽통차를 만들어 보았다. 그때 내가 열던 '향기를 찾는 사람들' 차 교
실에 찾아온 한 젊은 부부가 있었다. 남자는 산적같이 덥수룩한 수염을 하
고 있었고, 여자는 마늘쪽같이 단정한 모습이었다. 그 수더분함과 단정함
이 묘하게 대조를 이루는 이들 부부는 생활한복을 입고 있어, 여러 사람 가

운데서도 단연 눈에 띄었다. 차를 바라보고 대하는 태도나 질문이 예사롭지 않아 호기심을 넘어서 전문가 수준이었다. 아니나 다를까 이 부부는 진주에서 죽향이라는 전통찻집을 하고 있다고 하였다. 우리 차도 녹차 일변도가 아닌 보다 다양한 표정이 필요하고, 그 표정을 갖기 위한 뿌리가 이미 우리 잭살차에 있다는 나의 주장에 적극적으로 동조해주는 표정을 지으며 지지할 때 나는 지기를 얻은 듯이 기뻤다. 그래서 아직 완성되지 않은 죽통차 제조공정과 잭살차에 적용한 대만 동방미인의 제다 방법인 민황悶黃공정의 정보를 기꺼이 제공하며 차를 만드는 공정에 동참하게 하기도 하였다.

그 뒤 그 인연은 죽향이 만든 발효차인 '죽향미인', 나와 함께 차를 마시던 벗들이 서로를 아끼며 살자는 '차피아'로 이어지고, 중국 광주 중국차박람회 한국대표단으로 참관하고, 그리고 무이산 답사와 무이암차, 대만 신죽현의 동방미인차와 남투현의 일월담 홍차 제다실습으로 이어졌다. 그때 죽향의 안주인 김형점은 날다람쥐처럼 바지런하였고, 바깥주인 김종규는 곰돌이 푸처럼 퉁퉁거렸다. 이들 부부가 나의 기억 속에 깊게 각인되게 한 것은 10주년 행사로 치렀던 국악과 차와의 만남이었다. 그때 나는 그 행사의 사회를 맡으면서 보게 된 자료를 통해, 죽향이 앞으로 걸어갈 길을 준비하는 마음을 알게 되었다. 지금은 고인이 된 구례줄풍류 무형문화재인 매성 김정애 선생을 만나게 된 것도 잊을 수 없었다. 매성 선생은 구례줄풍류도 중요하지만, 세상에 잊힌 진주의 줄풍류를 잊지 말아 달라고 부탁하였다. 그녀의 소리와 춤 그리고 거문고를 비롯한 여러 악기를 함께 다루는 자리에 죽향은 찻자리를 펼쳐놓고 있고, 경향 각지와 지역사회의 기둥이 되는 여러 어른들과 새로 사 온 목기처럼 반짝반짝 빛나는 젊은 차꾼들을 초대하여 진주의 본 풍류를 펼치고 있었다. 한 곳에서 조용히 자리를 지키며 전체분위기를 살피는 김종규의 뒤로, 산적도 아닌 곰돌이 푸도 아닌, 입가에 미소를 머금은 단군 할아버지의 표준 영정이 걸린 듯하였다. 그 인연으로 하동군에서 감독으로 펼친 '섬진강달빛차회'와 '오색찻자리'에서 한 축을 맡아 수고를 아끼지 않았고, 진주의 원로 차인과 풍류객들이 함께한 섬진강에 찻잔을 띄우고 마시던 일은, 차가 있어 행복하고 함께하는 차벗이 있어 더욱 멋진 기억으로 남아 있다.

안주인 김형점이 한국현대사에 큰 족적을 남긴 효당 최범술가의 차법을 익히는 반야로문화원의 진주지부장을 하며, 목포대학교에서 차학으로 박사 과정을 수료한 것, 그리고 죽향차문화원을 운영하여 죽향을 찾는 사람들에게 고전을 새롭게 해석하는 공간으로 만든 것은, 죽향이 단순히 차를 마시는 유한의 공간이 아니라, 지역 커뮤니티의 교류의 장으로써의 역할을 하면서 고전과 다양한 문화를 익히는 학습의 공간임을 의미한다. 소동파는 대나무 예찬론자이다. 동파는 '고기가 없어도 하루를 살 수가 있지만, 대나무 없이는 하룬들 살 수 없다. 고기가 없으면 사람을 여위게 하지만, 대나무가 없으면 사람을 속되게 한다.'라고 하였다. 진주에서 자라난 스무 살 청년 죽향, 이제 세상을 속되게 하지 않는 명소의 역할을 충분히 수행하고 있다.

내가 죽향의 콩나물 물주는 곳에서 만난 작은 글귀 하나가 있다. '네가 술 먹자 꼬셔봐라, 내가 술 먹나 차 사 먹지!' 이 마음이 둘레에 전해져서,

진주의 죽향이 진주뿐만 아니라 우리나라 대표적인 차실로 자리 잡아가기를 바란다. 스무 살 죽향, 그 지내온 세월이 나에게 준 기쁨에 감사하고, 앞으로 펼칠 미래에 작은 힘이나마 함께하기를 희망한다.

2002sus 무이산 탐방 차피아

고향집 같은 죽향

최문석 | 삼현재단 이사장

죽향 찻집이 개점 이십 주년이 된다고 축하 말씀을 부탁한다고 할 때 떠오른 생각이 '이십 년 밖에 안 되었어?' 하는 것이었다. 그만큼 오래도록 드나들었던 셈이다. 죽향이라는 이름이 좋았다. 진양호 가에 있는 내 집에는 대나무가 우거져 늘 죽향을 맡으며 산다. 이른 봄 솟아나는 죽순은 맛도 좋지만, 향도 좋다. 혹 죽순 뽑기를 잊어버리고 있다가 다른 나무들 속으로 대가 번지는 것을 막으려고 톱으로 자르기라도 하고 나면 그 잘린 대나무의 살에서 풍기는 냄새는 한참 동안 나의 코끝을 맴돌곤 한다.

죽향의 김형점 사장을 가까이서 알게 된 것은 내가 진주 차인회 회장을 맡고부터다. 회장이 된 후 실무를 맡아볼 사무국장을 추천해 주기를 원했더니 여러 사람이 김형점 씨를 추천했다. 매월 행해지는 월례회를 비롯한 각종 행사준비와 여러 가지 사무들을 깔끔히 처리해서 무척 편하게 회를 운영하게 되면서, 나는 임기 중에 하고 싶었던 진주 차인회 역사를 정리하

는 일에만 전념할 수가 있었다. 더욱이 책이 나올 때는 뒤편에 다례의 의식을 정리하여 다례 행사의 배치도 의례 순서 축문 내용까지 자세히 적어서 헌다례를 위한 격조 있는 자료를 마련해 주었다. 그러는 중에 그가 삼현여고를 졸업했다는 사실을 알고는 더욱 친밀해질 수가 있었고 차에 대한 그의 열정을 이해할 수가 있었다. 삼현여고의 동창회 행사를 비롯한 진주시가 하는 각종 행사에서도 언제나 차 봉사에 앞장서는 모습을 볼 수가 있었고 차문화에 대한 연구에도 많은 열정을 갖고 있음을 알 수가 있었다.

그가 죽향 차문화연구원의 원장과 효당 본가 반야로 차도문화원의 진주 지부장을 맡아서 차인들의 교육을 마치고 졸업식을 하는 자리에서 축사를 한 일이 있었다. 그때 젊은 사람들이 진주 차인회에서 세운 김대렴공 추원

비가 잘못되었다고 철거까지 요구하는 사람들이 있을 때였다. 삼국사기에
는 〈대렴〉으로 되어있고 신라에는 대씨 성도 있는데 추원비에는 왜 김대
렴이냐는 것이다. 그래서 졸업생들에게 간곡히 부탁했다. 추원비를 세울
때 효당 선생님이 관여했는데 그 일이 잘못되었다고 떠드는 것은 효당 선
생님에 대한 큰 결례이다. 근세의 실학자로 알려진 안정복 선생이 쓴『동
사강목』이라는 역사책에 김대렴이 차씨를 낭에서 가져왔다는 기록이 있고
그 당시 대렴공이 견당사로 당에 갔다는 직함만으로도 진골인 김씨로 추

정 가능하니 여러분들이 적극적으로 홍보하여 반대의견을 없애야 한다고 주장했다. 지금은 그런 소리 하는 사람은 없다.

그는 열정만 가진 차인이 아니다. 꾸준히 연구하고 노력하는 모습을 어디서나 볼 수가 있다. 언젠가 외지 차인들의 모임이 죽향문화원에서 있었는데 진주정신에 관해서 설명을 좀 해달라고 나에게 부탁을 했다. 진주를 홍보할 기회라 생각하고 나아가 조심스럽게 진주정신의 뿌리를 남명선생의 선비정신과 임란대첩의 애국정신, 개천예술제의 예술정신, 그리고 촉석루에서 차의 날을 선포한 차 정신이라 정의하고 그 내력을 설명한 일이 있다. 강의를 마치고 자유로운 식사 자리에서 그분들이 모 대학의 차 전공의 석사 박사 과정의 학생들이며 김형점 사장도 박사 과정에 들어서 공부하고 있다는 사실을 알았다. 차를 학문의 대상으로 하여 전국에서 모여든 많은 사람들이 진지하게 연구하는 대학의 박사 과정이 있다는 사실도 그때 알았지만, 김형점 사장의 차에 대한 진지한 열정에 다시 한번 고개가 수그러졌다. 그 후로도 진주의 연합차인회의 사무국장을 맡아서 열심히 차문화 발전을 위해서 노력해왔고 더욱이 '2016년 진주차문화축제' 집행위원장으로서의 활동은 대단했다. 한·중·일의 차인들을 한자리에 모아서 행사를 하는 그 뒷바라지도 고생이 대단했을 텐데 행사의 진행 상황과 준비과정을 꼼꼼히 적어서 차도무문지에 기록을 남겨 둠으로써 뒷날의 참고자료가 되도록 하는 모습에서 그가 얼마나 차 문화 발전에 사명감을 갖고 일을 하는지를 엿볼 수가 있다.

죽향 찻집에 들어서면 삐거덕거리며 올라가는 나무계단이 고향집의 골

목길을 연상시킨다. 문을 열고 들어서면 어느 구석에서라도 아는 사람이 반갑게 튀어나온다. 그만큼 부담 없고 편하다는 말이다. 어느 날 시집간 나의 막내딸이 와서 얼마 후 커피집을 차려 볼 계획을 하고 있는데 진주에 참고할만한 찻집을 안내하여 달라기에, 커피와 전통차는 다르겠지만 내가 아는 찻집이 별로 없으니 죽향으로 데리고 간 일이 있다. 사위 내외와 손자 셋을 데리고 여섯 사람이 앉아서 한 시간을 넘게 놀다가 나온 일이 있다. 사장도 없는 집에서 꼬마들이 떠들면 종업원이 눈치도 보일 텐데 나는 우리 집 사랑방인 양 마음이 편했다. 그것은 나만의 생각은 아닐 것이다. 많은 진주 사람들이 죽향에 앉아서 마음 편하게 차도 마시고 정담을 나눌 수 있는 것은 그 속에 그 나름의 분위기와 문화가 있기 때문일 것이다. 그것은 이십 년이라는 짧지 않은 세월 동안 영업을 하면서 지켜낸 전통이요, 자산이다. 죽향이 진주의 명소로 자리 잡아 꾸준히 발전하길 빈다.

20주년 축하 휘호_ 여민 손용현

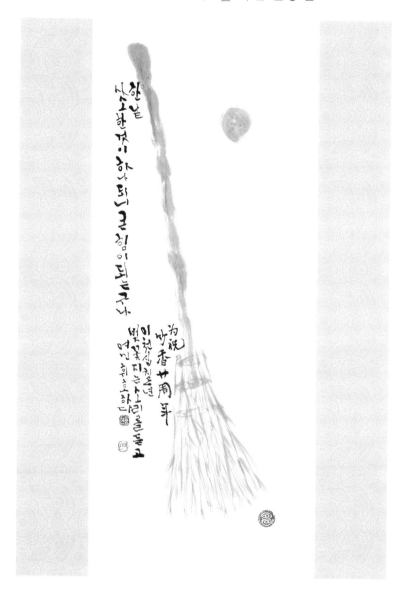

죽향과의 인연

박군자 | 한국오성다도연구원장

차茶가 무엇이기에 수십 년을 한결같이 내 마음에 두고 있는 것일까.

오래전1970년대 말 궁금함을 해결하기 위해 대아고등학교 아인 교장 선생님을 방문한 것이 나의 차와의 인연이었다. 지금도 아인 선생님이 직접 우려 주신 그 차향을 잊을 수가 없으며, 그 후로 나의 삶이 차와 함께 평생을 가고 있는 것은 우연이 아닌 필연의 소치일 것이다. 다시 몇 년이 지난 후에 진주 출신 여성으로서 여성들도 배우고 교육을 받을 수 있도록 중안초등학교에 교실 두 칸을 지어주셔서 여성 교육의 효시를 만든 분이 김정 부인임을 알고, 그분의 정신을 기리고 추모하며 본받고자 김정차회를 만들고 매년 그분의 사천축동 묘소에서 10년 넘어 헌다례를 주관했다. 오래전 그 일이 차싹 되어 본격적으로 아인 선생님을 모시고 차 공부를 하고, 차 교육을 겸하면서 크고 작은 차회 활동을 이어 가고 있다. 차회를 오성다도회로 개칭하여 여성차회로는 가장 오래된 역사를 잇게 했고, 지금은 진주

연합차인회 회장과 진주차인회 회장을 맡아 희생과 봉사로 차 사랑의 은혜를 회향코자 한다.

1997년 연암공업대학 차 동아리를 지도하고 있을 즈음에 죽향이 찻집 개업을 앞두고 차 공부를 하고 싶다 해서 부부가 함께 기본예절과 다도 공부를 한 것은 죽향과 나와의 인연이다. 그 후 국립경상대학교 평생교육원에서 전통 다도와 예절을 개강할 때, 1기생으로 등록해서 함께한 시간들이 아득하다. 이것을 바탕으로 하여 서울 명원이며 반야로 공부 등 열정적으로 차 학문에 몰입하는 제자를 늘 가까이서 보며 응원을 했다. 이젠 여법히 다도 교육의 현장인 죽향차문화원에서 차학을 연구하며 후학들을 길러내고 있는 모습이 대견하고 자랑스럽다. 하늘이 높게 열려 깊고 그윽한 날 "선생님 죽향이 벌써 20년을 맞이하네요. 지난날을 한 권의 책으로 남기고 싶은데 선생님 글을 좀 부탁드려요."라며 청탁을 해왔다.

장하다! 그리고 축하한다! 새로운 미래를 열어 가기를 바라며...

죽향竹香! 따뜻한 봄날의 새순같이 탐스럽고 힘차게 솟아오르리라!

비봉루에서 가을 햇살을 등에 받으며...

어머니의 품처럼 언제나 찾고픈 곳

이수현 | (현)한예종 국악과 재학

제가 아홉 살이 되던 해였습니다. 진주를 처음 방문했을 때, 진주의 산과 강에서 느껴졌던 낭만은 제 마음 깊은 곳에 따뜻함과 설렘으로 남아있습니다.

차와 음악과 춤 그리고 많은 사람의 마음이 하나로 모였던 그 밤의 작은 음악회를 지금도 잊지 못합니다. 죽향과, 차와, 진주 예인들과 인연이 된 날입니다. 차를 즐기고, 음악을 즐기던 진주의 문화인들은 모두 '죽향'에 모여 어린 소리꾼의 서툰 소리에 한마음으로 귀를 기울여주셨습니다. 판소리를 감상하는 수준이 명창의 경지에 이른 분들을 일컬어 귀명창이라고 합니다. 그런 분들이 있는 무대에서 소리꾼은 더욱 큰 힘을 얻을 수 있습니다. '죽향'에 모인 한 분, 한 분이 모두 귀명창이셨고 진정한 예인들이셨습니다. 진심으로 예술을 즐길 줄 아는 어른들과의 만남은 계속해서 소리 공부를 해왔던 저에게 여전히 큰 힘으로, 좋은 추억으로 남아있습니다. 그렇게 '죽향'

의 두 분은 꼬마 아이가 용을 쓰며 소리하는 모습을 어여쁘게 봐주셨고, 저의 소리 공부의 길에서 늘 함께하며 힘껏 응원해 주시고 계십니다.

어디에서도 볼 수 없는 '죽향'의 정성 가득한 차와 다식은 정갈한 어머니의 밥상을 떠올리게 합니다. 그래서인지 지치고 힘들 때면 '죽향'을 찾고 싶은 마음이 간절해집니다. 비록 먼 곳에 있어 자주 찾지는 못하지만 제 마음속 '죽향'은 엄마의 품처럼 언제나 찾고픈 곳입니다. 그리고 이러한 인연을 맺고 계속 이어갈 수 있음에 감사한 마음을 전하고 싶습니다.

'죽향'은 진주와 가장 잘 어울리는 곳이 아닐까 생각합니다. 성인 1명이 1년 동안 마시는 커피가 300잔이 훌쩍 넘는 시대입니다. 물론 커피가 나쁘다는 것은 아니지만 단순히 마시는 것에 그치지 않고 차를 마시는 동안 몸과 마음을 수양하는 시간에 중요한 의미를 두는 우리 전통 차와는 그 개념이 확연히 다르다고 생각합니다. 은은한 차 향기와 손끝으로 전해지는 따뜻한 온기, 마음을 편안하게 해주는 우리의 차문화는 바쁘고 치열한 시대에 꼭 필요한 문화이며, 우리는 이것을 잃지 않도록 힘써야 할 것입니다.

전통음악을 공부하는 저로서는 우리의 차문화를 앞장서서 지키고, 또 많은 사람에게 알리려고 부단히 노력하시는 두 분이 참으로 존경스럽고 감사합니다. 두 분의 마음과 노력이 차향에 실려 퍼져서 더 많은 사람이 전통차를 즐기고 사랑할 수 있게 되기를 바랍니다. 저는 앞으로도 우직하게 소리 공부를 이어나가 우리의 소리를 세상에 더 크게, 더 멀리 그리고 곳곳에 알릴 수 있도록 성장하고자 합니다. 그리고 '죽향'과의 인연도 깊은 차 향기처럼, 울림 있는 소리처럼 계속해서 이어나가겠습니다.

꽃을 가꾸는 마음으로 차문화를 피워낸 죽향

김석희 | 차인

　강이 흐르는 도시 아름다운 진주에서 '죽향'은 마음 깊은 곳의 정성으로 차茶문화의 씨앗을 뿌린 지 20년이 되었습니다. 진주는 가야 시대부터 도시가 이루어져 여러 가지 독특한 시민문화가 면면히 이어지고 있습니다. 전국에서 가장 오래된, 지역예술제의 효시라 할 수 있는 개천예술제가 있고 그와 함께 환상의 남강유등축제가 해마다 장관을 이루고 있어 세계적인 축제가 되었습니다. 또 오랜 역사와 전통에서 비롯된 훌륭한 선비문화가 있습니다. 예로부터 실크를 지역특화산업으로 집중적으로 육성하고 있어 부유한 반촌이 많으며 서부 경남의 중심도시로서 교통의 요충지이기도 합니다. 예술의 고장이자 지방문화의 총본산인 유시 깊은 도시 진주에서 이 고장의 문화발전에 끊임없이 노력해 온 찻집 '죽향'의 지난날을 되짚어 봅니다.

진주의 중심부에 자리한 찻집 '죽향'의 안주인 육연심育蓮心은 1997년 8월에 찻집의 문을 열어 20년 동안 다양한 문화사업을 선도하며 특히 차茶문화와 연결한 여러 가지 문화의 가치를 높이고 발전시키는 데 큰 역할을 하였습니다. 문화는 민족 정서를 대변하는 정신적인 환경이며 그릇은 인간과 음식을 담아내고 이에 더하여 시대와 문화를 담아낸다고 하였는데, 찻집 '죽향'의 육연심은 차와 관련한 그릇에 예술을 더하여 진주 차문화의 가치를 한 차원 높인 사람이라 할 수 있습니다. 테이블 코디네이터이며 푸드 스타일리스트, 플로리스트이기도 한 육연심의 손이 닿은 곳의 기물들은 쓰임에 맞게 정리되어 섬세한 부분까지 세세하게 단장하여 최고의 모습으로 빛나고 있는데, 이는 찻집 '죽향'에서 더 새로운 모습으로 켜켜이 쌓여 '죽향'의 문화가 되었으며 진주를 대표하는 문화가 되었습니다.

다도 교육을 주로 하는 3층 '죽향차문화원'은 육연심이 2005년 국립목포대학교 국제차학과 박사과정 수료 후 차문화 저변확대를 통한 지역 문화 육성을 위해 마련한 공간입니다. 이곳은 인문학 강좌와 더불어 학계의 유수한 실력자들을 모시고 장르 불문의 다양한 강연을 하는 곳입니다. 작고하신 오여 김창욱 선생과는 조선 시대 선비문화를 연구 · 재조명하는 뜻깊은 날들이 있었고, 사자소학으로 처음 시작하여 논어, 맹자, 주역이나 시경, 서경 독송 등 독해讀解 활동을 하는 숨 가쁘게 기쁜 날들이 있었으며, 먼 곳의 낭만 가객을 불러들여 시詩, 서書, 화畵의 풍류를 즐기는 날도 있었습니다. 또한, 이름나지 않았지만 좋은 내용을 전해 주는 분들을 모시어 강연을 지속하여 열고 있습니다. 작은 음악회가 열리는 날은 어른이나 아이나 모두 어우러져 즐기는 곳이며 작품 전시 공간이기도 합니다. 문화는 인간이 피워낼 수 있는 가장 아름다운 꽃이라는 말에 걸맞게 최고의 문화를 향유할 수 있는 공간이 진주의 '죽향차문화원'입니다.

또한, 육연심은 지역 문화 육성의 한몫으로 다양한 행사에 참여하여 차茶문화에 관한 자신의 재능을 기부하며 배우면서 가르치기도 합니다.

육연심은 '죽향'에 발길 머무는 나그네의 찻잔에 여유를 담아 진심으로 대접하는 진주의 대표 문화인입니다.

2016년 선차도 시연(죽향선차회, 죽향진차회, 죽향연차회 회장들과 함께)

원효 큰스님과 죽향

묘인 이남수 | 차인

"생각과 마음이라고 하는 거기에 보이지 않는 투명한 아주 맑은 막이 있어. 그것을 터뜨리면 부처라. 그것을 터뜨리면 좋은 것도 없고 궂은 것도 없고 옳은 것도 없고 그른 것도 없고 미운 것도 없고 고운 것도 없고 선도 없고 악도 없고 생도 없고 멸도 없어. 그것이 바로 청정이야. 그것을 터뜨려 버려야 원각의 대도량에 들어가. 그것이 구경열반이야."

원효 큰스님 법문은 항상 커다란 찻잔에 가득 부어진 청량한 차와 함께였다. 큰스님은 성철 큰스님의 셋째 상자이자 해인사 방장 겸 종정으로 지내신 법전 큰스님의 으뜸상좌로 평생을 제방 수좌로 정진하시고 김천 수도암등에서 제방의 수좌들을 제접하시던 대선사로, 모든 것을 다버리고 산청군 금서면 방곡리 오봉계곡 화림사에 학처럼 주석하셨다.

그 속에 한가로히 계시면서 상좌스님들과 속가제자와 신도들에게 내리

화림사 법당 불사

는 법문은 항상 소참법문으로 차와 함께 내리셨다. 그래서 법당의 법좌에 앉아서 하는 법문보다 거처하시는 한용대 법좌에서 찻자리를 만들어 차를 마시며 담소형식으로 많이 하셨다. 항상 커다란 항아리에 큰스님의 자부심으로 가득한 화림사 계곡의 서출동류수를 가득 길어 놓으시고는 커다란 포터에 물을 가득 부어 끓으면 넘치기도 하지만 전혀 개의치 않으셨다.

그 물로 모인 사람들이 몇 사람이건 그 수에 맞게 커다란 찻잔 그 때는 커다란 찻잔인 줄 몰랐는데 다른 찻자리에서 차를 마셔보고 앎을 부셔 찻상에 늘어 놓으시고는 커다란 다관에 죽향에서 가져오신 찻잎을 손으로 듬뿍 집어 넣으시면 주위에 앉은 신도들이 이구동성으로 '아이구~ 스님, 그만 넣으십시오.' 하고 손을 부여잡는 시늉을 하면,

'괜찮아. 이 정도는 넣어야 되지.' 호쾌하고 말씀하시고는 뜨거운 물을 다관에 가득 부어 큰 잔에 가득 따라 주시는데 가득 붓는 솜씨가 보통이 아니셨다. 잔에 가득 부어진 찻물은 표면 장력 때문에 잔 위에 소복이 솟아 오르는데 신도들이 차례로 무릎걸음으로 나아가 직접 받아 본래 자리로 돌아 올 때까지 신기하게도 찻물이 흘러내리지 않았다. 합장하고 두 손 받혀 마시면 오묘하고 향긋한 향기가 코와 입속에 가득 번지면서 마시기에 알맞은 온기까지 온몸을 감싸 안을 즈음 스님은 법문을 시작하셨다. 소참법문이라 불법에 대한 대단한 안목이 없으면 알아듣기 어려운 법문이지만 신도들은 알아듣는 법문처럼 그 속에 같이 스며들어 법열의 환희심에 휩싸이게 된다.

스님은 진주에 오시면 한 번도 빼 놓으시지 않고 죽향에 들러 죽향부부

와 가까이 있는 신도들을 불러 한웅대 법자리와 같은 찻자리를 만들어 차를 가득 따라 일일이 나누어 주시며 법문을 해 주셨다. 마음자리 찾는 공부를 행주좌와를 가리지 않고 쉼없이 해서 우주선이 대기권을 뚫고 무중력상태의 우주로 날아가듯이 생각의 세계, 중생의 세계를 벗어나서 대자유의 원각의 세계, 깨달음의 세계로 나아가라고 간곡히 당부하고 또 하셨다. 특히 죽향의 분위기와 향기로운 차만 좋아 하시는 것이 아니라 죽향부부의 사람됨됨이를 알아보시고 무척이나 아끼셨는데 김형 점보살에게는 육연심育蓮心이라는 법명도 손수 내려주시면서 연을 길러 꽃을 피워서 사람들의 향기로운 길이 되라고 누누이 말씀하셨다. 두 부부는 스님의 뜻을 지켜 20여 성상을 온갖 어려움 속에서도 인고하며 참신한 창의력과 고졸한 차문화를 고스란히 계승, 발전시켜 진주 최고의 찻집, 전국의 명소로 만들었다. 죽향찻집을 좋아하시고 죽향차를 좋아하시며 죽향 두 부부를 유난히 아끼시던 원효큰스님, 지금도 한웅대와 죽향 안방 찻자리에서 우리 중생들에게 따뜻하고 향기로운 차를 내리시며 간곡히 법문하시던 모습이 눈에 선하고 귀에 아스라이 들려와 가슴에 그리움으로 꽉 차진다.

"그런데 그것을 터뜨리지 못하면 만날 두 동네라. 선이 있고 악이 있고 양변이 있거던. 그것을 못 터뜨렸기 때문에 양변이 있어 선이 있고 악이 있고 미움도 있고 고움도 있고 네가 있고 내가 있고 여자가 있고 남자가 있어. 거기에 시시비비가 항상 돌고 있어. 그러니까 그것을 그냥 거기에 집중해서 터뜨려 버리면 일체경계가 차별경계가 다 끝나버리는 거야.

생각에 머물지 마라이. 생멸~ 생멸법은 항상 생멸한다."

죽향선차회

김계선 | 죽향선차회 회장

　십수 년 전 설렘과 배움의 열망으로 가득 차 죽향의 문턱이 닳도록 다니기 시작한 지가 엊그제 같은데, 벌써 20주년을 맞이하게 되었다니 가늠할 수 없는 시간의 빠름에 새삼 지난날들을 되돌아보게 됩니다. 처음에는 우리 전통의 공간이 좋아 차 마시러 다니기 시작했다가, 차에 빠져들어 마음에 맞는 여고 동창들과 공부를 시작했습니다.

　죽향차문화원의 차의 입문반 및 교양반 과정을 두 해 동안 공부하고는 2009년 죽향 선생님을 강사로 모시고 과학기술대 차 예절 지도사반을 개설하였습니다. 그동안 죽향차문화원에서 교양반으로 이미 공부했던 차우들에게는 심화 과정이면서 차 교육을 비롯한 다양한 활동을 목적으로 자격증반이 필요했고, 인기는 대단했습니다. 차 맛이며, 차를 다루는 세밀한 과정들, 차의 세계를 탐구하면서 알게 된 차 역사며 두디운 차문화, 차의 정신까지… 매료되고 감동되었습니다.

　무슨 일이든지 생애 처음의 일은 무한 열정을 쏟게 되지요. 당시 여고 총동창회 회장으로 직책을 맡아 너무 바쁜 일정 속에서도 차 공부의 열정이 식지 않았던걸 보면 차와 나름 깊은 인연이 있는 것 같습니다. 죽향에서 차를 만나고 함께 자격을 취득한 우리는 사회봉사와 차도 수련을 목적으로 10년 죽향선차회를 만들고 제가 회장을 맡아 지금까지 이어오고 있습니다. 그 후 죽향차문화원의 죽향진차회, 죽향연차회도 이 같은 과정으로 만들어져 함께 활동하고 있습니다.

　차의 일은 혼자서 할 수 있는 일보다 차우들과 함께하면 사회와 이웃에 큰 울림을 줄 수 있음을 차 봉사를 통해 체득하고 있습니다. 매주 수요일, 만 칠 년째 국립 진주 박물관의 차 봉사는 진주의 차문화를 외지인들에게 알리며, 진주의 방문객들에게 따뜻한 지리산의 차 한잔을 드리면서 접빈의 전통을 이어가고 있습니다.

　세상은 하루하루 갈수록 멋과 여유 없이 건조하게 보내는 사람들로 늘어 갑니다. 그나마 차 생활을 누리고 좋아하는 취미 활동으로 나름 윤기 나는 삶을 살고 있는 우리 세대는 축복입니다. 먹고 마시는 모든 일상은 지금의 반영일 겁니다. 무의식적, 충동적, 중독적으로 마시는 커피 문화에 차인으로 우려가 앞섭니다. 자신을 들여다보고, 느끼고, 함께하는 일… 여기에 차 한잔의 사유가 행복을 발견하는 시작임을 감히 이야기합니다. 휴식과 힐링의 차 한잔과의 만남, 그 시작을 권해 드리면서 죽향 속 죽향차문화원의 인연에 감사와 앞으로의 건승을 축원 드립니다.

2015년 죽향선차회

차·락·회

문범두 | 경남과학기술대학교 교수

몇 살 나이를 더해가면서 매사에 균형감을 잃지 않는 것이 매우 어렵다는 것을 느끼게 됩니다. 무엇을 붙좇다 보면 돌아올 때를 잊기가 일쑤고, 여유로움을 즐기자고 하면 아득히 뒤처지는 것 같아 허겁지겁 자리를 털 때가 허다하기 때문입니다. 젊었을 때는 정해진 데를 향해 쉼 없이 달렸던 것 같습니다. 아무리 해도 채워지지 않는 허기와 가시지 않는 목마름 속에 있었던 거지요. 눈에 보이는 것, 손에 잡히는 것 모두를 탐했던 시절입니다. 목표라고는 어렴풋하고 아득하기만 했는데, 손에 잡힐 듯 말 듯 한 그 무엇을 위해 가속페달을 밟듯 온몸 속의 에너지를 뽑아내었습니다. 그런데 문득 나이랍시고 먹다보니 이제는 또 다른 쪽의 병통病痛이 생기는가 봅니다. 하는 일마다 되는 것도 없고 안 되는 것도 없는 데다, 딱히 무얼 이루어야 할 절실함도 있는 것 같지 않습니다. 그런 중에 질척이고 꾸물거리는 데 익숙해져 가고 있습니다. 옛사람의 중용법이 필요한 시기인 것 같기도 합니다.

그러고 보니, 한 10여년 전 죽향을 거점으로 만들었던 작은 모임이 생각납니다. 살아가면서 자칫 잃기 쉬운 균형감을 회복하자는, 나름 거창한 취지로 출발하였습니다. 실상은 죽향다실에 차를 마시려고 드나들면서 탁구도 즐기는 몇몇의 사람들이 만남을 이어가자 해서 만든 모임입니다. 이름도 촌스럽게도 그저 '차탁회'라 하였습니다. 비록 차와 탁구가 만남의 동기가 되었지만 전혀 어울리지 않은 소재이기에 모두가 여기에 나름의 생각을 덧붙여 그 관계성을 해명하려고 했던 것 같습니다. 차를 나누고 탁구까지 친 이후 마무리 겸 가지는 저녁식사 자리에서 주기酒氣를 빌어서 끌어다 붙인 차탁茶卓의 철학, 그것은 그런대로 균형을 지향하는 사유체계(?)로 정립되어 갔습니다. 마침 당시 필자가 지역신문에 칼럼을 쓰고 있었던 터라 우리의 그 밥상논리를 정리해서 글을 썼습니다. 오래된 일을 추억해 보기도 할 겸 그 내용을 다시 가져와 보았습니다.

"전통차를 즐기는 사람이 늘고 있다. 그 이유는 각각이다. 우선 커피와 같은 서양음료에 비해 건강에 도움이 된다고 한다. 차를 오래 복용하면 힘이 생기고 정신이 빛난다고 한 동다송東茶頌의 기록은 새겨들을 만하다. 이미 차의 약리작용은 과학적 분석으로 두루 검증이 되고 있기도 한다. 또 한편으로는 마음을 정화시키고 정신을 맑게 한다고 한다. 중국의 육우陸羽는 차의 효험으로 어지러운 마음을 쫓는 것을 들었다. 선다일미禪茶一味라 했으니 더 말할 나위가 없다.

특정한 삶의 방식이 일상화되면 풍속이 되고 거기에 일정한 형식이 더해지면 문화가 된다. 최근에 들어 자기 나름의 이유로 차 애호가들이 늘면서 차를 마시는 일이 하나의 생활문화로 정착되어 가는 모습을 보인다. 나아가 음다飮茶의 과정에 정제된 절차와 격식이 덧붙여지면서 고급문화의 성격을 띠기도 한다.

차문화의 저변이 확대되면서 그와 관련된 주변 전통문화의 향유계층이 늘어가는 것도 좋은 일이다. 차를 더 잘 즐기기 위해 좋은 차그릇을 찾게 되고, 분위기에 어울리는 전통음악에 귀를 기울이면서, 서화작품의 예술성에 새삼 눈을 뜨게 되는 일이 그러하다. 달리 말하면 차를 마시는 일은 개별 갈래의 전통문화를 진작시키면서 한편으로는 그 자체가 새로운 스타일의 종합전통문화로 발전해 갈 수 있는 가능성을 포함한다는 것을 의미한다.

필자는 최근 '차와 탁구'라는 작은 모임에 참여하고 있다. 이러저러한 사람들이 격식 없이 어울려 탁구도 치고 차도 마신다. 차와 탁구. 언뜻 잘 어울릴 것 같지 않지만 절묘한 조화를 빚어낸다. 동動과 정靜, 체體와 신神 또는 확산과 수렴의 철리로 풀자면 지나치게 현학적이겠지만, 흠뻑 땀을 흘린 후 마시는 차 한 잔은 비할 바가 없다. 이 때의 차는 땀을 씻어주고, 상기된 기운을 가라앉히는 최고의 음료가 된다.

차의 성질은 군자의 성품과 같다고 했으니 차를 마시는 과정을 통하여 마음을 정화시키고 고양된 정신세계에 이르는 것은 특별한 경험이다. 여기에 세련된 형식미를 제공함으로써 격조와 품위를 갖춘 고급문화로 정착시켜 나가는 것도 중요하다. 이와 함께 차가 보통사람 사이를 좀 더 건강하고 따뜻하게 이어주는 매개로서 소박한 일상의 삶 속에 자연스레 어울려 들도록 하는 노력 또한 반드시 필요한 것으로 본다.2005. 3."

　이 모임은 제법 수년이 이어졌습니다. 하루도 못 보면 아쉬운 연인처럼 시간이 날 때마다 죽향에 모였습니다. 그렇게 오랫동안 이야기하고 크게 웃으며, 흠뻑 땀 흘리고 한껏 취하기는 그 전에도 그 후에도 없었습니다. 구실 좋은 철학적 담론으로 포장하면서까지 만남을 이어갔던 이면에는 이 모임에는 차와 탁구라는 질료質料가 가지는 의미를 넘어선, 우리의 내면 깊숙이 마음을 끄는 요인이 있었기 때문은 아닌가 합니다. 그것은 일상의 사회적 관계성에서 벗어나 비로소 삶의 균형감을 느끼게 하는 그런 사람사이의 정情이 아닌가 생각됩니다. 치우치거나 기울거나 모자라거나 넘치거나 할 때마다 버텨주고 채워주었던 그런 가슴 따뜻한 나눔 말입니다. 이후 그 중 몇 분이 진주를 떠나면서 만남의 횟수도 줄어들었고 더 이상 모임을 갖지 않게 되었습니다. 그러나 서로간 늘 안위를 궁금해 하고, 죽향은 오고 가는 소문들을 엮어 아쉬운대로 그 공백을 메꾸어 주었습니다.

　다시 가을입니다. 올해는 햇볕이 많아 단풍 빛깔이 더욱 곱다고 합니다. 저녁바람이 낙엽을 몰아갈 때 쯤 죽향에 들를 것입니다. 주인장 내외의 따뜻한 정이 다실 가득 넘칠 것입니다. 차향 속에서 차탁회 멤버들과 나누었던 나날을 천천히 추억할 것입니다. 줄타기 하듯 휘청휘청 했던 일상을 밀어두고 마음의 균형감을 되찾을 수 있겠지요. 그러면 잠시 잊었던 그리운 사람들의 얼굴도 더욱 뚜렷이 새길 수 있을 것 같습니다.

죽향과 배드보스 컴퍼니

조재윤 | (주)배드보스컴퍼니 대표

2003년 5월 동성동 11-15 지하에서는 경남 최초의 메이저 엔터테인먼트사를 꿈꾸며 배드보스 컴퍼니의 첫걸음을 시작했다. 근처 수많은 매장들이 개업과 폐업을 반복하던 14년 동안 한결같이 배드보스 컴퍼니를 응원하고 지원해준 죽향이 올해 20주년을 맞이한다고 한다.

죽향과의 인연은 남다르다. 배드보스 컴퍼니의 시작과 현재 그리고 앞으로의 비전을 같이 바라보고 공유하는 가족과도 같은 관계이다. 25살 겁없던 청년이 지역에서도 할 수 있다는 생각으로 대중음악 시장에 도전장을 내밀 당시 주위의 비난과 손가락질 속에서도 죽향은 묵묵히 응원해주고 감싸 안아주었으며 늘 격려해주었다.

동네 동아리처럼 시작했던 배드보스 컴퍼니는 현재 아시아와 미국까지 문화콘텐츠를 수출하고 해외 아티스트를 국내에 론칭하며 방송 제작 및

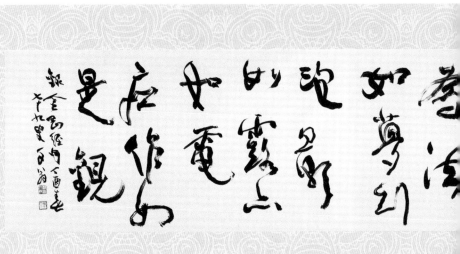

드라마 OST까지 제작하는 회사로 성장하였다. 14년 만에 소속 연예인과 실무자를 포함해 46명이 일하는 중형급 회사가 되었다. 회사가 성장할수록 죽향은 박수를 쳐줬다. 따뜻한 차와 덕담은 그 어떤 가족의 격려보다 더 따뜻하게 다가왔다. 유일하게 진주를 오면 꼭 찾아가 그동안의 성장을 이야기하고 칭찬받고 응원받고 마음을 정화시키는 곳이다. 죽향의 긍정적 에너지는 죽향을 운영하시는 두 사장님에서 나온다. 요새 보기 드문 패션을 소화하시며 늘 정갈하시고 품위 있으며 긍정적인 이야기는 늘 미소 짓게 한다. 나도 모르게 발길이 향한다는 말은 이럴 때 쓰는 말이 아닌가 생각한다.

사람의 마음은 물길과 같아서 편한 쪽으로 흐른다고 한다. 가기 싫은데 오라고 하면 불편하다. 하지만 오라고 하지 않아도 가고 싶은 마음이 드는 건 정말 행복한 일이 아닐까? 죽향은 그런 곳이다. 20년 동안 죽향이 세상에 흘려보낸 따뜻하고 아름다운 에너지는 많은 사람들을 행복하게 하고 때로는 위로하며 그렇게 덕을 쌓았다. 마음의 의지는 그렇게 만들어지는 것이다. 나는 죽향이 좋다. 나 같은 사람들이 많을 것이다. 꽃향기가 나비를 부르듯 죽향은 사람을 부른다. 한잔 술에 취하면 하루가 즐겁고 사람에 취하면 평생이 즐겁다고 했다. 죽향에는 취할 수 있는 사람이 많고 술보다 더 좋은 한 잔의 차가 있다.

죽영당

Jukhyang's Large Wooden Communal Table

Fred Lang

In June 2005, my friend Eunsook, later to become my wife, first exposed me to the traditional Gyeongsangnam-do hanok style tea culture in Changwon / Masan area when I first arrived in Korea. As a westerner, it was fascinating to witness the formality of the Korean traditional tea ceremony, Dary (茶禮), practiced for over a thousand years. Most intriguing was the respect for tea etiquette of the serving host - hanbok, tea selection, placement of pot, bowls and cups, rinsing process, cooking and pouring. As a guest, I enjoyed the slow pace and mindfulness of the experience, sitting patiently at the small wooden table, tasting and smelling the warm macha and listening to the Buddhist music in the background.

I moved to Sacheon for my work in 2006. Eunsook and I explored tea shops nearby Jurisan, Hadong, Jinju and we eventually visited Jukhyang (죽향) and immediately felt that we were at home with family. Eunsook and I were first served by Mr. Kim Jong Gyu (김종규) at the large wooden communal table. Eunsook translated to English as Mr. Kim explained the different types of pottery and clay from Korea, Japan and China; the different teas from Korea, China and Taiwan; and the four different Korea harvest times – U-jeon (우전), Se-jak (세작), Jung-jak (중작) and Dae-jak (대작). Mr. Kim showed us his collection of pottery that he has been collecting since he was a young man. On subsequent visits, Mrs. Kim Hyeong Jeom (김형점) would demonstrate parts of the traditional tea ceremony, and discuss their relationship with Buddhism.

For my visiting American work colleagues, I would bring them to Jukhyang for an authentic Korean experience. What was most impressive to my colleagues was the warmth of friendship that they experienced around the wooden communal table. Even though we all spoke different languages, there is an emotional human connectedness, as if we were one, for everyone at the table. In many cases, my colleagues took tea and pottery back with them to the US to share with their families. One of my friends who visited, Alan Barnes, was so inspired by his visit that he started a tea farm in Georgia with seeds imported directly from Korea.

Even though Eunsook and I were transferred to Greece between 2013–2015, Mr. Kim or Mrs. Kim maintained personal contact through KakaoTalk and visits to Greece / Korea. In Greece, Eunsook and I set up a tearoom with tatami mats, sitting mats, table, incense, pottery and tea selection; however, it was not until Mr. Kim or Mrs. Kim visited and conducted the Korean traditional tea ceremony that the tearoom felt complete.

In closing, Jukhyang's large wooden communal table would symbolize the heart of Korea to me. It was at this table that we meet Korea's great minds – painters, ceramists, calligraphers, Pansori singers, herbalists, Buddhist monks, politicians, professors, teachers and engineers. Each visit would bring old friends, and new friends together for the common love of tea and friendship. The favorite part of my visit was first walking up the stairs and seeing who was sitting at the table. Somehow, the table was never too crowded, there was always room for one more person.

죽향의 찻자리는 소통의 공간

프레드 랑 | 록히드 마틴사

소은숙 | 번역

미국인인 내가 업무차 2005년 한국에 갔을 때 친구였던 은숙은 얼마지나지 않아 나의 아내가 되었고 그녀로 인해 나의 근무지였던 창원과 마산 등지에 위치한 한옥에서 전통차 문화를 꾸준히 경험할 수 있었다. 서양인인 나에게 잘 갖추어진 한국의 전통다도를 몸소 경험할 수 있었던 것은 실로 매혹적인 일이 아닐 수 없었다. 다례는 지난 천년의 세월동안 꾸준히 이어져왔다고 한다. 차를 내는 사람과 차를 받는 사람간의 존중과 예의, 갖추어 입은 한복, 마실 차를 고르는 과정, 우려내기, 사용되어지는 도구들, 다구를 행구는 과정과 차를 내는 모습 등, 차 한잔이 내게 오는 그 모든 과정이 무엇보다도 매혹적인 일이었다. 서양인 손님이었던 나는 마룻바닥에 힘들게 가부좌를 틀고 앉아 있어야만 했지만 서두르지 않고 마음을 비운채 즐기는 법을 경험했고, 은은한 불교 음악과 함께 말차의 향과 따뜻함을 즐기기도 하였다.

2006년도 나는 사천으로 이사를 가게 되었다. 나와 아내는 지리산, 하동 그리고 진주 등을 여행하며 찻집은 꼭 빼놓지 않고 찾아다녔다. 그러던 중 죽향을 우연히 방문하게되었는데 내 가족이 이곳에 있구나...하는 느낌을 그곳에 들어서자마자 갖게되었다. 우리 부부는 김종규 사장님께 아름다운 목재탁자에 안내되어 처음으로 차를 대접받게 되었다.

김사장님은 우리에게 여러가지 다기와 각 다기들이 만들어지는 여러 종류의 흙들 또 중국, 일본, 한국의 흙들의 차이까지 세세히 설명해 주셨으며 더불어 대표적인 차의 나라 한국, 중국, 일본, 대만의 차들이 어떤 차이가 있는지도 설명해주셨다. 거기에 한국의 차는 찻잎을 따는 시기와 크기에 따라 우전, 세작, 중작, 대작 등으로 나뉜다는 설명도 덧붙이셨다. 김사장님이 젊은 시절부터 수집한 여러가지 귀한 다기들도 하나하나 설명을 더해 보여주시기도 하였다. 그 이후로 우리가 방문했을 땐 김형점 사장님께서 다도시연을 해주셨으며 두 부부의 차와의 인연 그리고 불교에 관한 이야기들까지 다양한 대화의 시간을 가졌다.

나는 미국본사에서 출장오는 동료들에게 이 특별한 공간, 죽향을 경험할 수 있는 기회를 주고자하는 마음은 한치의 거리낌도 없었다. 죽향의 찻자리에서의 경험은 따뜻한 인간관계를 느낄 수 있었던 최고의 감동이라고 모두들 한입으로 말하곤 한다. 언어가 다를지라도 그 찻자리엔 인간적인 감정의 소통이 있고, 마치 우리는 모두 한 배를 탄 듯이 그 자리를 즐겼던

것이다. 죽향을 다녀간 많은 동료들은 미국에 돌아갈 때 언제나 차와 다구를 가져가서 가족과 친구들과 즐기기도 한다. 그중의 한 친구인 앨런은 죽향에서의 경험을 바탕으로 영감을 얻어 조지아에 있는 그의 집에 차밭을 만들기도 하였다. 물론 한국의 녹차 씨를 직접 수입하여서 말이다.

　우리 부부는 2013년에 그리스로 떠나게 되었고 2015년도까지 살게되었다. 그럼에도 불구하고 죽향부부와의 소통은 끊이지를 않았다. 우리가 한국에 방문할때면 죽향은 마치 우리를 시집 간 외동딸맞듯이 살갑게 대접해주셨고 또한 두 부부가 그리스를 방문하시기도 하여 그리스와 이탈리아 등으로 함께 여행할 기회도 가질 수 있었다. 우리는 그리스에서도 다다미를 깔고 각종 다구들과 차 그리고 향들까지 갖춘 찻방을 따로이 만들었다. 하지만 죽향부부가 오기전까지는 그저 찻방이었을 뿐 따뜻한 찻자리가 아니었던 것이다. 두 부부가 나란히 앉아 차구를 매만지고 차를 우려내고 향을 피우고....비로소 그 방은 그리스의 "죽향"이 되었던 것이다.

마지막으로, 나는 누가 뭐라해도 죽향, 그 찻자리의 의미는 한국의 심장이라고 말하고 싶다. 나무로 만든 그 작은 테이블에서 화가들, 도예가들, 서예가들, 판소리 명창들, 약초전문가들, 스님들, 정치가들, 교수들, 선생들, 그리고 기술자들까지 나는 온갖 일들에 종사하는 분들을 만나면서 그들이 가진 한국인의 긍지가 그자리에 녹아나온다는 것을 느꼈기 때문이다. 새로운 인연이건 굳은 인연이건 우리는 차를 사랑하는 마음과 사람을 공경하는 마음으로 그곳에 간다. 내가 죽향으로 들어설 때에 가장 설레이는 것은 그 곳의 첫 계단을 내딛는 순간과 오늘은 누가 그 찻자리에 앉아 계신가하는 것이다. 참으로 묘한 것은, 죽향의 찻자리는 늘 사람들로 차있지만 언제나 나의 자리 혹은 당신의 자리 하나쯤은 꼭 있다는 것이다.

El corazón del té

Directores de ciney Telegrafica Adrián Tomás Samit

Como los primeros recuerdos, como las reuniones familiares de los domingos, o como sentir el descanso al llegar a casa después de un duro día de trabajo... como todo esos momentos, personas, lugares y sabores que se unen a uno mismo y le acompañan para siempre. 죽향 se ha convertido en uno de ellos para mí.

죽향 me recuerda a esos cafés españoles y parisinos donde escritores como Valle-Inclán, Camus, o Sartre se refugiaban bajo la cándida luz del local para escribir, dialogar, debatir, disfrutar... en fin, vivir. 죽향 es algo más que una tetería tradicional, es el corazón que da vida al circulo intelectual de 진주. Un lugar agradable cerca de la antigua 진주성, el centro histórico de la ciudad, que a lo largo de 20 años ha acogido a sus invitados con una taza de té caliente y armoniosa. Por 죽향 he visto pasar a artistas, como el pintor de 문인화 de voz grave y gran barba blanca; a filosofos, como el retirado profesor de corazón joven, que en una pequeña mesa sigue escribiendo sus textos sobre el 기 (氣); a arquitectos, como el melómano profesor que colecciona y construye grandes equipos de música estilo vintage; a políticos, como la candidata a la alcadía de 진주 con la que fui a cenar un día; a monjes budistas, tantos que no puedo enumerarlos, pero que tanto nos han ayudado a mi y a 민희, mi mujer, como la monje budista que vive cerca de 곤양, que tanto me aprecia y por la que tengo una simpatía especial, o los monjes budistas de 남해 y 전라도 que nos dieron consejo cuando el padre de 민희 sufría de cancer; a productores de té de 하동 y de otras regiones de Corea, como el bromista y bonachón hombre que un día nos dio a probar varios tipos de té cultivados por él mismo; a profesores especializados en la historia y filosofía del té, como el dulce matrimonio que tiene un pequeño y acogedor museo del té, escondido como un importante secreto, en el barrio cerca del rio 남. He visto pasar a mucha gente, y todos ellos me han dejado profundos recuerdos que me han ayudado no solo a integrarme en la sociedad coreana, sino también a crecer como persona.

Pero más que la gente con la que me he cruzado, de quien siempre voy a guardar un recuerdo especial es de los dueños de la tetería, señor y señora 김, tal y como se presentaron recientemente a mi amiga Sofía cuando la lleve a visitar 죽향 durante su viaje por Corea del Sur. Las dos primeras veces que nos encontramos fueron junto con 민희 para subir la montaña donde se encuentra 다솔사 y hacer 태국 en la cima. En otra ocasión también me invitaron a ir con ellos a Seúl, a la 명원 세계 차 박람회 en el COEX. Nunca he bebido tanto té como aquel día. También, cuando mis inexpertos alumnos de 비디오 콘텐츠 tuvieron que realizar un pequeño reportaje en 죽향, recibieron una cálida acogida. Durante las vacaciones de invierno estuve ayudando los domingos en 죽향. Me despertaba temprano, abría la tetería, hacía una limpieza general y atendía a los primeros clientes. También fregaba, fregaba mucho. He descubierto en el fregar una forma de meditación muy placentera. Y cómo olvidar el día de mi boda con 민희, en el que el matrimonio 김 se ofreció a ofrecer un delicioso té a todos nuestros invitados. Y no solo eso, también nos aconsejaron comprar el 한복 para la boda en lugar de alquilarlo, nos recomendaron una tienda, y ahora, ese precioso 한복 lo guardo en casa con cariño. A veces me imagino, ya anciano, caminando con el 한복 puesto por las calles de Castellón, mi ciudad en España. Creo que puedo decir que el matrimonio 김 es parte de mi familia coreana.

La escaleras de madera que conducen al local y avisan con sus suaves crujidos de la llegada de visitantes; la tranquila y agradable música que, pese a no cambiar, siempre suena como la primera vez; el bello cuadro bañado en oro de una montañas de seda; los cientos de teteras y tazas de cerámica, a cada cual más bonita, que decoran cada rincón del lugar; el aroma del té, siempre listo para ser degustado; las pequeñas plantas que miran por la ventana como los jovenes juegan a baloncesto en la calle; los peces de colores que esperan su comida junto a la puerta de entrada; el sabor del 가래떡 ligeramente asado acompañado de sirope, o el del 녹자빙수 en verano, delicioso y refescante; el que cada tipo de té sea servido con una taza de estilo diferente. Hay tantos detalles que hacen de 죽향 un lugar acogedor y familiar. Considero 죽향 mi segundo hogar en 진주. Y, parafraseando a Oliver Wendell Holmes: "El lugar que amamos, ése es nuestro hogar; un hogar que nuestros pies pueden abandonar, pero no nuestros corazones.

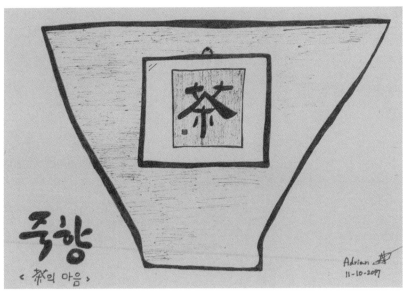

아드리안 그림

108

茶의 마음

아드리안 토마스 사밋 | 다큐제작감독
최혜정 | 번역

생애 첫 기억, 매주 일요일마다 돌아오던 가족 모임, 지친 하루의 끝자락에 취하는 집에서의 달콤한 휴식……한 사람의 일생 동안 그와 함께 하는 이런 모든 순간들, 사람, 장소, 맛. 나에게는 죽향이 그런 소중한 추억 중 하나이다.

죽향을 생각하면 바에 잉클란Valle-Inclan, 카뮈Camus, 사르트르Sartre와 같은 작가들이 환한 불빛 아래서 글을 쓰고 대화하고 논쟁하고 여유를 즐기던, 인생을 향유하기 위해 찾았던 스페인이나 프랑스 파리의 카페들이 떠오른다. 죽향은 평범한 전통 찻집을 넘어 진주의 지성인들에게 생명을 불어넣는 심장과 같은 역할을 한다. 진주시의 역사지구인 진주성 근처에 위치한 아담한 이 찻집은 따뜻한 정이 담긴 차 한잔을 손님들에게 대접하며 지난 20여 년 동안 이어져 온 곳이다. 나는 죽향에서 진중한 목소리를 가진 흰 수염의 문인화가 같은 많은 예술인들을 만났다. 또한, 자그마한 책상에서 기氣에 관한 글을 쓰던, 은퇴 후에도 여전히 뜨거운 열정을 가슴 속에 지니고 있던 교수님 같은 철학자도 만났고, 빈티지 음악을 위한 기기를 만들고 또 수집하던, 음악을 무척이나 사랑하시던 교수님 같은 건축가들도 알게 되었다. 언젠가 함께 저녁 식사도 했던 진주시 시장 후보와 정치인들, 그리고 스님들까지. 셀 수 없을 정도로 많은 사람들을 모두 죽향에서 만났다. 모든 분들이 나와 나의 아내 민희에게 많은 도움을 주셨다. 곤양 근처에 사시는 한 보살님께서는 나를 특별히 아껴주셨는데, 나 역시도 보살님께는 특별한 유대감을 느끼고 있다. 남해와 전라도에서 오신 스님들은 민희의 아버지, 그러니까 장인어른께서 암 투병 중이셨을 당시 우리에게 여러 가지 귀중한 조언을 해주셨다. 하동에서 차를 재배하시는 분들과 다른 지방에서 오셨던 분들도 만나볼 기회가 있었는데, 그중에서도 특히 농을 좋아하시던, 정이 넘치고 친근했던 분이 기억난다. 그분이 직접 재배한 다양한 차의 종류를 시음해보기도 했다. 차의 역사 및 철학에 대해 놀라울 만큼 전문적인 지식을 가진 분들도 알게 되었는데 그중에서도 남강 근처 마치 보물같이 숨겨져 있던 공간에서 작고 아담한 분위기의 차 박물관을 운영하고 계시던 사랑스러운 부부의 모습이 인상 깊이 남아 있다. 이렇듯 죽향을 거쳐 간 많은 이들과 만나며 함께 소중한 추억을 남겼다. 그 추억들이 있었기에 나는 한국사회에 무탈히 정착할 수 있었고 또 인간적으로도 더욱 성장할 수 있었다.

하지만 그 수많은 인연 중에서도 죽향 사장님 내외분과의 만남은 내게 특별히 의미 있고 소중하다. 얼마 전 나의 친구 소피아가 한국으로 여행을

왔을 때 소피아와 함께 죽향을 찾기도 했다. 우리의 첫 번째와 두 번째 만남은 모두 아내 민희와 함께였다. 우리가 처음 만난 곳은 다솔사가 자리 잡고 있던 산으로 민희와 나는 마침 태극권 수련을 위해 그곳에 있던 참이었다. 두 번째 만남 때 사장님 내외분께서는 서울의 코엑스에서 열리는 명원세계차박람회에 함께 가자며 나를 초대해주셨다. 내 인생에서 그 날만큼 차를 많이 마신 날은 없을 것이다. 또 언젠가 내가 강의하는 비디오콘텐츠 관련 수업의 학생들이 죽향에서 짧은 다큐를 찍고 싶다고 말씀드렸을 때 사장님 내외는 흔쾌히 촬영을 허락해주시고 반겨주셨다. 겨울 방학 동안 나는 일요일마다 죽향에 나가 일을 도왔다. 아침 일찍 눈을 떠 가게를 열었고 청소를 한 뒤 손님들을 맞이했다. 그리고 설거지, 설거지는 정말 많이 했던 기억이 난다. 그릇을 닦으며 일종의 명상을 하는 것과 같은 즐거움을 발견하기도 했다. 특히 민희와 결혼식을 올린 그 날은 내게는 정말 잊을 수 없는 추억으로 남아 있다. 결혼식 날 사장님 내외분께서는 모든 하객들에게 맛있는 차를 대접해주셨다. 그뿐만 아니라 예식용 한복을 대여하는 대신 구매하는 것이 낫다고 조언해주시며 한복 가게도 소개해주셨다. 그때 구매한 한복은 집에서 소중히 보관 중이다. 먼 훗날 그 한복을 차려입고 나의 고향 스페인 카스테욘Castellon시의 거리를 거니는 노인이 된 내 모습을 가끔 상상하곤 한다. 사장님 내외는 나의 한국 가족들이나 마찬가지다.

손님들이 걸음을 내디딜 때마다 듣기 좋은 소리로 삐걱대는 죽향의 나무 계단, 매일 똑같지만 들을 때마다 마치 처음 듣는 듯 차분하고 따뜻한 느낌을 주는 아름다운 음악의 선율, 비단 같은 산이 그려진 황금빛의 아름다운 그림, 각각 아름다운 특징을 갖고 가게 곳곳을 빛내주는 수백 개의 도자기 찻주전자와 찻잔, 언제든지 맛볼 수 있도록 항시 준비되어 있는 맛 좋은 차의 향, 길 건너편에서 땀 흘리며 농구 하는 아이들의 모습이 내려다보이는 창문 안쪽으로 놓인 작은 화초들, 가게 입구에 놓인 어항 속에서 먹이를 기다리며 유영하는 색색의 물고기, 살짝 구워 시럽과 함께 먹거나 여름에는 시원한 녹차빙수와 함께 먹는 가래떡, 각기 다른 모양의 찻잔에 담긴 각양각색의 차. 죽향이 정감 가고 친근하게 느껴지는 이유는 이토록 다양하다. 진주에 있는 내 두 번째 보금자리, 죽향. 올리버 웬델 홈스Oliver Wendell Holmes의 말을 빌려 글을 마무리해볼까 한다. "우리가 사랑하는 곳은 집이다. 발은 떠나도 마음이 떠나지 않는 곳이 우리의 집이다."

竹香20周年をお祝いして

晋州保健大學 日本語學科 講師　坂野　雅子

　竹香、20周年おめでとうございます。

　チュッキャン（竹香）を始められてから20年と伺いまして、本当に早いものだなあ、と思いました。そしてお店を出された当初は、どんなお気持ちでされたのかな、と、お二方の心構えもふと気になりました。

　竹香と言えば。。いくつか私の思い出とイメージを挙げますと。。まずは、チンジュにある韓国の伝統的なお茶屋さんの一つであること。そしてそこへ行けばいつでも社長ご夫妻が、時にはお一方が、温かい言葉と笑顔で迎えてくださる所。

　お二人がいらっしゃらない時も、竹香の雰囲気にぴったりの店員さん（食口、家族と呼ばれていらっしゃる様ですが）の笑顔と会話が、たまに来たとしても、いつも私の心を和ませてくれます。お茶も勿論美味しいのですが、

一緒に差し出される巷では味わえない、ここに来ないと頂けないなあ、と思う数種類のお菓子。お茶とお菓子が終わっても、又、香りも味も良いデザートのお茶？まで差し出して下さり、お腹も心も一杯になって店をでる事が多々です。

忙しい日課を過ごしながら、ふと思い出した時に寄せていただく場所なのですが、いつ行っても変わらない味と雰囲気。そしてそこへ行けば、居合わせた方々を必ず紹介して下さり、一緒の時を過ごしながら、又違った世間話を聞くことができたのも私にとって、チュッキャンの大きな魅力の一つではなかったかな、と振り返りながら思います。

また、20年前に初めて訪問した時はちょうど、中国人の店員さんがいらっしゃいました。チンジュに住む同じ外国人として、彼女が楽しそうに働いている姿がとてもたくましく見えました。そんな彼女を外国人としてではなく、大切に接していらっしゃる社長ご夫妻のお姿にも温かさを感じました。

私も結婚して、日本から韓国のチンジュに移住して20年。ちょうどチュッキャンと同じ年月ですね。何かの拍子でそちらのお店を知ってからと言うもの、家族で行ったり、じっくりとお話ししたい時に友人と行ったり、一人でぼーっと美味しいお茶を飲みながら時間を過ごしたい時にも利用させてもらいました。日本語を教える時にも利用させてもらいましたし、一度は、日本の若者たちが韓国の茶法を体験するために、チュッキャンへ来たこともありました。そこで知り合いということで通訳をさせていただいたのですが、共にその若者たちと茶法を学びながら、楽しい時間を過ごした事を覚えていま

す。そんなこんな訳で、私の中ではすっかりチュッキャンという場所が定着してしまった様です。

　韓国はあっと言う間に、店がなくなって、新しい店ができて。という繰り返しが激しい様に思います。気に入っていたお店もいつの間にか無くなっていた、と言うことも少なくありません。そんな中で、チュッキャンはずっと同じ場所にあって変わらないお店です。日本から家族や友人が来るなら、必ず連れていってあげたい場所です。社長のお二方のお店を開いた動機が、私の感じたものの中にあれば幸いだなあ、と思います。

　これからも、ますますのご発展とお二方のご健康を願っております。私の好きなお店が、私の渡韓の年月と共にいて下さった事も感謝しつつ。

죽향 20주년을 축하하며

사카노 마사꼬 | 진주보건전문대학 일본어학과 강사

정세현 | 번역

죽향, 20주년을 축하드립니다.

찻집을 개업한 지 20년이 되었다니… 세월이 정말로 빠르구나 하고 생각했습니다. 그리고 '찻집을 처음 열었을 때는 어떤 심정이었을까?' 하고 많은 생각을 하였습니다. 죽향이라고 하면 진주에 있는 한국의 전통적인 찻집이라는 것과 거기에 가면 사장님 부부가 늘 웃는 얼굴로 반기는 곳이라는 이미지가 떠오릅니다.

두 분이 계시지 않을 때는 죽향 분위기에 딱 맞는 점원분식구, 또는 가족이라고 부르는의 웃는 얼굴과 싹싹한 말씨가 언제나 나의 마음을 온화하게 해 줍니다.

차도 물론 맛있지만, 함께 내는다른 곳에서는 볼 수 없는, 여기에 오지 않으면 대접받을 수 없겠구나 하고 생각하는 여러 가지 다식, 향과 맛도 좋은 디저트 차까지 내어주시고, 몸도 마음도 충만해서 가게를 나올 때가 많았습니다.

바쁜 일과를 보내면서 문득 들리는 장소이지만, 언제 가도 변하지 않는 분위기, 그리고 거기에 가면 많은 분들을 소개해주시고, 함께 시간을 보내면서 또 다른 세상 이야기를 들을 수 있는 것도 죽향의 큰 매력이라고 생각합니다.

또 20년 전에 죽향을 처음 방문했을 때는 마침 중국인 점원분이 계셨습니다. 죽향에 근무하는 그녀를 외국인으로 대하는 것이 아니라, 가족처럼 대하는 사장님 부부의 모습에서 따뜻함을 느꼈습니다.

저도 결혼해 일본에서 한국으로 이주해 20년이 지났습니다. 정확히 죽향과 같은 나이이지요. 뭔가의 이끌림으로 죽향에 들른 뒤로는 가족들과 가기도 하고, 차분히 친구와 이야기하고 싶을 때도 가고, 혼자서 갑자기 맛있는 차를 마시면서 시간을 보내고 싶을 때도 들르기도 하고, 일본어를 가르칠 때도 가곤 했습니다. 한번은 한국의 다도를 체험하기 위해 죽향을 찾은 일본 젊은이들의 통역을 하며, 그들과 함께 다도를 배우며 즐거운 시간을 보낸 기억이 있습니다.

이런저런 추억들로 죽향은 내 안에 완연히 안착한 모양입니다.

한국은 눈 깜짝할 사이에 가게가 없어지고 새로운 가게가 생기는 반복현상이 심한 것 같습니다. 마음에 들었던 가게도 어느 순간 없어져 버린 적도 많았습니다. 그런 가운데 죽향은 쭉 같은 장소에서 변하지 않는 장소입니다. 일본에서 가족들이나 친구가 오면 반드시 함께 가고 싶은 장소입니다.

앞으로도 꾸준한 발전과 두 분의 건강을 빕니다.

나의 한국 정착 연도와 좋아하는 죽향의 개업 연도가 같다는 것에 감사하면서……

我和竹香的缘分

中国武汉华中科技大学的教授　朱炜

初次走进竹香，是1999年深秋的某一天。那时，我刚去晋州不到一年，在国立庆尚大学史学系就读。10月中旬，中国西安摄影家协会率团访问晋州摄影家协会，我和另外一位中文系的韩国学生担任了随行翻译。10天后，访问团结束行程归国，我们回到学校继续学习。不久，家住庆尚大学附近的晋州摄影家协会会员——金正男叔叔（2014年辞世）联系到了我们，叔叔可能觉得在异国他乡的我很孤独，特地请我们去晋州市里的"北京庄"吃了中华料理，席间叔叔说有个远房的侄子和侄媳妇都是庆尚大学中文系毕业的，就在附近经营茶店，他说你们都会说中文，说不定相互之间会有帮助。吃完饭，叔叔就把我们带到了离中华料理店不远的竹香，就这样第一次走进了竹香，认识了竹香院长和竹香社长。

在庆尚大学学习期间，我成了竹香的常客，有时辅导下两个孩子的作业，有时帮忙端个茶打个下手。院长和社长比我大，我习惯称呼他们"姐姐"和"哥哥"，他们像对待自己的亲妹妹一样关心照顾我。2001年2月庆尚大学毕业后我离开晋州去首尔成均馆大学读研，即便在首尔和大田的日子里，彼此间依旧保持着联系，每每回晋州，犹如回到故乡般的亲切。那段时间，我们一同去仁川参加韩中日百茶试饮会；一同野营智异山；一同游玩上海、杭州、乌镇；一同远赴云南收购普洱茶……往事像珍珠般地洒落在记忆的空间里，串起来还是如此美丽光芒。

2004年2月成均馆大学硕士毕业回国前夕，竹香一家专程从晋州来大田和我们道别，他们到得很晚，一起吃了夜宵后又连夜返回，没想到匆匆一别就是整整8年半。8年半，我们有了老大和老二，2007年7月回武汉定居，2009年9月我开始在华中科技大学攻读博士学位，2012年6月获得博士学位，同年留校成为华中科技大学第一位韩语教师。2012年初，由韩国文化体育观光部出资的华中地区首家世宗学堂——武汉世宗学堂在华中科技大学获批成立，通过这个平台，我开始致力于韩国语的普及和韩国文化与当地民众的交流工作，多年在韩国留学、生活的经历让我对这份工作倾注了无限的热情。

2012年8月，时隔8年半我们再次回到了曾经生活学习过的韩国，这8年半，因为各种原因未能和竹香联系过，"他们还在竹香？竹香有没有

搬家？我们还能再找到他们？......"既然8年半没有联系，那么干脆来一次"突袭"吧！晋州依旧如故，一切都是那么亲切和熟悉，我们很快找到了竹香，她还是原来的她，岁月的沉淀让她变得更加成熟、更加有韵味了！

如果1999年遇见竹香是缘分的开始，那么姐妹情、兄妹情是缘分的继续；而8年半后再次重逢是缘分的深化。2012年10月9日——韩字日566周年之际，竹香应华中科技大学的邀请第一次走进武汉世宗学堂，以文化讲座、茶道表演、试饮韩国绿茶、品尝韩式茶食的方式向中国学生展示了韩国茶道文化。

2015年10月9日，竹香再次受邀访问华中科技大学，第二次走进武汉世宗学堂，为学员带来了精彩的茶道表演、板索里、韩国传统舞蹈以及精美韩式茶点。

在咖啡文化强烈冲击的形式下，像竹香这样的传统茶店能长久不衰，不仅是经营者顽强的毅力和坚定的信念，更多的是他们对茶文化发自内心的热爱之情。今年竹香成立20周年，希望竹香在韩国茶道文化传承道路上走得更久远。我和竹香结缘也有18年之久，竹香对我的帮助以及他们对传统文化的热爱之情会继续影响我，也希望我们间的缘分走得更久远

죽향과의 인연

주위 | 중국 무한 화중과학기술대학교 한국어학과 교수

1999년 늦가을의 어느 날, 나는 죽향에 처음 가봤다. 그 당시는 내가 진주 국립경상대학교 사학과에서 공부한 지 1년이 채 안 되었던 때였다. 그해 10월 중순 쯤, 중국 서안 사진작가협회 방문단이 진주에 와서 진주 사진작가협회와 친선 교류회가 있었다. 나는 경상대 중어중문학과에 다니고 있는 한 한국 학생과 수행 통역원으로 같이 다녔다. 10일 뒤 방문단은 일정을 마치고 출국하고 우리는 다시 학교에 돌아갔다.

그로부터 얼마 안지난 어느 주말에, 경상대 근처에서 사는 진주사진작가협회 회원 故김정남 아저씨가 우리에게 전화했다. 객지에서 사느라 고생 많다고 우리를 진주 시내 유명한 중국요리집 북경장에 초대해주시고 맛있는 저녁을 사주셨다. 식사하면서 아저씨는 면 친척뻘인 조카와 조카며느리가 경상대 중어중문학과를 졸업했는데 지금 근처에서 찻집을 운영하고 있다고 말했다. 두사람 다 중국어를 전공하니까 서로 알고 지내면 도움이 될 때가 있을 거라고 했다. 식사가 끝나고 아저씨는 우리를 데리고 죽향에 찾아갔다. 이렇게 해서 죽향 원장님과 죽향 사장님을 처음으로 알게 되었다. 그때부터 나는 경상대학교에서 공부하며 단골손님처럼 죽향에 자주 드나들었다. 아들인 동우와 딸인 경인이의 숙제를 봐주기도 하고 손님에게 차를 내어주기도 했다. 원장님과 사장님은 나보다 윗연배이며 우리는 언니, 오빠, 동생처럼 지내왔다.

2001년 2월 경상대를 졸업한 나는 성균관대학교에서 대학원생으로 공부를 계속했다. 비록 가까이 있지는 않아도 죽향과의 연락을 끊지 않았다. 진주에 놀러 갈 때마다 마치 고향에 돌아가듯 친근감과 기대감으로 마음

2000년 10월 22일, 인천 강화도 제1회한중일백차시음회에 참석

이 설레었다. 같이 재미있게 지냈던 나날들이 지금도 눈앞에 생생하다.

2004년 2월 말, 나는 성균관대학교 대학원을 졸업했다. 우리의 귀국을 앞두고 죽향 가족은 우리를 만나러 일부러 대전까지 찾아왔다. 짧은 시간의 만남이었지만 우리는 서운한 마음으로 작별인사를 할 수밖에 없었다. 2004년 2월부터 2012년 8월까지 8년 반의 세월은 금방 흘러간 것 같았다. 우리는 둘째를 가진 2007년에 중국 우한武漢시에 돌아왔다. 남편은 우한에 있는 화중과학기술대학교에서 일자리를 잡았다. 2009년 9월부터 나는 화중과기대에서 박사과정 공부를 시작했고 2012년 6월에 박사학위를 취득한 후 화중과기대의 첫 한국어 교수가 되었다. 같은 해 2월에 내가 신청한 우한 세종학당이 화중과기대내에 설치가 허락되었다. 우한 세종학당은 한국 문화체육관광부에서 지원을 받고 화중지역에서 처음으로 설립된 학당이었다.

나는 우한 세종학당을 통해 한국어 보급과 한국문화와 현지문화의 교류 촉진 사업에 힘썼다. 한국에서의 수년간의 생활 경험을 통해 나는 이 사업에 무한한 열정을 기울일 수 있었다.

2012년 8월에 우리 가족은 다시 진주에 찾아갔다. 그러나 8년 반 동안 여러 가지 사정으로 죽향과 연락하지 못했다. '죽향이 아직도 있을까? 죽향은 이사 안 갔을까? 다시 만날 수 있을까?' 하면서 진주에 들어선 우리는 그냥 죽향이 있는 방향으로 걸어갔다. 진주는 여전히 똑같고 모든 것이 너무 익숙했다. 죽향 간판은 멀리서부터 한 눈에 바로 들어왔다. 8년 반 만에 만난 죽향은 더욱 멋있고 우아해졌다.

죽향을 만난 1999년이 인연의 시작이라면 2006년 2월까지 언니와 동생, 오빠와 동생처럼 지냈던 시절은 인연의 연속이라 하겠다. 8년 반 만에 다시 만나게 된 우리의 인연은 이제 더욱더 깊어가고 있었다. 제566돌 한글날인 2012년 10월 9일, 죽향은 화중과기대의 초청을 받아 우한 세종학당에 와서 중국 학생들에게 한국의 다도문화를 소개해주고 멋진 찻자리 시연을 보여주었다. 2015년 10월 9일, 죽향은 두 번째로 화중과기대를 방문하면서 우한 세종학당 학생들에게 한국의 전통 차문화 공연, 판소리 및 한국전통무용의 멋을 보여주었다.

최근 전통 찻집은 커피 문화의 거센 물결에 밀려 있는 것은 사실이다.

죽향처럼 오래된 전통 찻집은 이제 찾기 드물다. 이것은 운영자의 인내심과 확고한 신념뿐만 아니라 차 문화에 대한 진심 어린 사랑 때문에 가능한 일이다. 죽향은 올해 창립 20주년이 되며, 나는 죽향이 한국차문화의 전통을 전수하고 계승하기를 기원한다. 내가 죽향을 안 지 18년이 되었다. 죽향이 나에게 준 도움과 전통 문화에 대한 그들의 사랑은 나에게 계속 영향을 줄 것이다. 우리의 인연이 더욱 오래 가기를 진심으로 희망한다.

2016년 10월 9일, 공연 후 기념촬영, 왼쪽으로부터 역자, 김형점, 화중과학기술대학교 부처장 하강, 외국어대학 서기 류팡, 김종규, 김태린, 백지은

사람 향기 배어나는 사랑방

이종능 | 지산 도천방

사람은 누구나 세상을 살아가면서 머리에 제일 먼저 떠오르는 그리고 연상되는 이름이 있을 것이다. 친구라면 누구! 좋아하는 스포츠라면 무엇! 감명받은 영화는 어떤 것! 존경하는 인물, 보고 싶은 사람, 맛있는 음식은! 등등.

나 또한 예외일 수는 없다. 우리가 일상생활에서 늘 접하는 Tea차 이야기이다. 나는 대학 2학년 때부터 차를 마시게 되었다. 그리고 지금까지 늘 차는 내 곁을 지키고 있다. 흙을 만지면서 찻그릇을 만들기 시작했었고, 3년간의 배낭여행을 통해 일본, 대만, 중국의 차의 깊이를 접해 보기도 했었다. 한때는 차문화 협회 활동을 누구보다도 열심히 했었지만, 지금은 차가 그냥 좋아 정겨운 친구로 지내고 있다. 나는 차란 말을 떠올려보면 지리산 쌍계사 계곡이나 운남성의 시수안반나나, 일본의 우라센케가 아니라 죽향이란 이름이 제일 먼저 떠오른다. 동화 속에 나오는 나무꾼과 선

죽향진차회 회원들

진주 차문화축제 죽향연차회

녀가 사는 차의 사랑방! 그만큼 죽향이라는 이름이 내 마음 깊은 곳에 자리 잡고 있는 모양이다. 나는 경주에서 태어나고 자랐다. 제2의 고향이라면 진주를 꼽는다.

찻잎이 사시사철 그리고 엄동설한에도 녹색을 잃지 않듯 강산이 몇 번이나 변했음에도 나무꾼과 선녀의 모습은 변하지 않는 그대로이다. 녹차를 많이 마셔서 찻잎이 되어 버렸기에 그런 걸까. 다향보다 사람 향이 더 물씬 묻어나는 곳, 그곳이 바로 죽향이다. 흙을 만지는 나는 죽향과의 만남이 필연이었던 모양이다. 인간은 망각의 동물이다. 일전에 방송 관계로 자료사진이 필요해 몇 년 만에 사진을 정리하다 군데군데에서 보게 된 세월을 넘나드는 두 선남선녀의 모습이 나를 미안하고 또 고맙게 만들며 추억의 실타래를 이어주었다.

나는 큰 전시회 때마다 늘 고마움과 감동을 선사 받았었다. 2010년 도쿄 토혼 나들이 전시회 때나 뉴욕전시회 때에도 선남선녀가 보내준 정성이 가득 담긴 차로 우리 문화에 관심이 높은 관람객들에게 우리 차의 정겨움을 안겨주었다. 2014년 제주 KBS 신사옥 준공 기념전을 축하해 주기 위해 먼 길을 마다하지 않고 달려와 준 죽향문화원의 축하 차 행사는 참석한 모든 이들을 감동의 도가니로 몰아넣었고 차란 무엇인가 하는 메시지를 던져주었다.

진주의 죽향이 제주 KBS 신사옥 메인홀에 머물렀던 그 순간은 잊을 수 없다. 그런데 난 그 두 사람을 위해 해준 것이 아무것도 없다. 이 글을 써 내려가면서 내내 왜 이리 미안해지는지…… 나는 그 두 선남선녀를 감히 차의 프로라 부른다. 아이를 기다리는 엄마의 품처럼 차가 담기기를 기다리는 찻그릇에 대한 안목 또한 고수임이 틀림없다. 그들은 말없이 찻그릇을 만드는 도예가들에게 무언의 메시지를 던져주고 있다. 동양 3국의 차문화를 섭렵한 죽향의 부부는 우리 차문화를 이끌어 갈 소중한 재목임이 틀림없다.

진주라는 도시는 참 행복하다는 생각이 든다. 죽향이라는 사람 향기 배어나는 사랑방이 있으니까. 끊임없이 진화하는 알파고처럼 변함없이 또 창의적인 모습으로 21세기 디지털을 대비하는 그곳 죽향이 마음의 고향이더라. 찻잔을 들면서도 마음은 사람 향기 가득한 그곳에 있는 듯하더라.

2014년 제주도 KBS 전시 오픈식

차맛이란 무엇을 말하는가?

김익재 | 사단법인 교남문헌 연구원장

우연찮게 찻집 바로 위층에 연구실이라는 이름으로 둥지를 튼 지도 어언 7,8년이 되었다. 근주자적近朱者赤이니 근묵자흑近墨者黑이니 하는 말들이 어찌 색깔에만 적용되는 말일까. 먹고 마시는 것 역시 예외는 아니다. 명색이 천하에 내로라하는 재사才士와 기인奇人들이 시도 때도 없이 출몰하는 곳이 찻집이고 보니, 찻집 위에 세를 들어 사는 입장에서는 싫든 좋든 이런 호걸들과 어울리게 되는 경우가 잦아지기 마련이다. 찻집에서 만나는 인물들과 어울리자면 자연히 차를 마시게 되는 거야 불문가지不問可知 아닌가.

그렇게 수년을 오르내리며 많은 사람들과 적지 않은 차를 마셔왔지만 천성이 무딘 나는 불행하게도 아직 차맛을 제대로 분간하지 못한다. 아무거나 가리지 않고 잘 먹는 식습관이 차에도 그대로 적용된 탓인지도 모르겠지만, 그렇다고 해서 특별히 불편함을 느낀 적도 없고 그 맛을 딱히 구분하고 싶다는 생각을 가져본 적도 없다.

　하지만 차맛을 제대로 구분하지 못한다는 말이 반드시 모든 차맛을 동일하게 느낀다는 뜻은 아니고, 같은 포장에서 나온 차를 다른 맛으로 느낀다든지 다른 포장에서 나온 차를 같은 맛으로 느낀다든지, 오래되고 귀해서 상당히 고가에 속하는 차와 아주 일반적인 보급형 차맛을 구분하지 못하는 것 정도를 말하는 것일 따름이다. 그렇게 말해놓고 보니 제조일자와 산지產地를 정확하게 구분할 수 있는 '차소믈리에'적인 소양이 없다는 것일 뿐, 어떤 형태로든 나름대로는 차맛을 느끼고 있다고 해야 맞는 말인 듯하다.

일상다반사의 찻자리

생각을 되짚어 보니, 내가 마시던 차는 대체로 이런 사람들과 함께 앉아서 마시던 차였던 듯하다. 머리털 없는 스님의 법문을 들으며 마시는 차, 꽁지머리를 치렁치렁 드리운 도사道士의 오묘한 철학을 들으며 마시는 차, 거침없는 달변으로 국내외 정세는 물론 경제와 군사까지 꿰뚫고 있는 논객과 마시는 차, 눈도 마주치지 않고 고개를 숙인 채 말없이 오로지 차 마시는 일 외에는 어떠한 것도 관심이 없어 보이는 요조숙녀와 마시는 차 등등 그 종류는 이루 헤아릴 수가 없다.

그런데 한 가지 중요한 사실은, 어떤 경우에도 내가 마신 차의 종류와 가치는 물론 가격에 대해서도 전혀 기억나는 것이 없다는 점이다. 기억에 남아 있는 것은 어떤 차를 마셨는가가 아니라 누구와 마셨는가 하는 것일 따름이다. 어떤 때는 밤늦게 찻집 문을 닫을 시간이 넘도록 마신 기억도 있는가 하면, 차를 마시는 도중에 슬그머니 일어나 그 자리를 떠버린 적도 있다. 하지만 역시 그 당시의 차맛을 떠올릴 수는 없다.

그렇다. 내게 있어서 차맛이란 그 차의 생산지와 생산연도와 차를 우려낸 다기에 좌우되던 것이 아니었다. 내게 있어 차맛을 좌우하는 요소는 그저 내 앞에 앉아서 같이 차를 마시던 사람이었을 따름이었다. 헤아려보니 나와 같이 앉아서 마시던 머리털 없는 스님도 그렇게 많은 숫자는 아니었고, 꽁지머리라고 해봤자 손으로 꼽을 정도에 지나지 않는다. 거침없는 달변가 중에는 이제 더 이상 같이 앉아서 차를 마시고 싶지 않은 부류로 분류된 사람이 더 많다. 지나치게 조신한 요조숙녀는 차맛을 느끼기 힘들 정도로 피로감을 주기 때문에 가급적 피하게 된 지가 이미 오래다.

이제 나의 차맛을 결정하는 것이 '차'가 아니라 '사람'이었다는 사실을 알게 되었다. 그러고 보니 갑자기 등줄기에 땀이 맺힌다. 내가 그랬던 것처럼 다른 사람도 그랬을 것이니까 말이다. 내가 잘난 척 떠들고 있던 시간이 그 자리에 있던 어느 고수가 말없이 나에게 양보한 시간이 아니었다는 보장이 없다는 데 생각이 미치면, 앞으로의 찻자리에서 과연 또 입을 열 수 있을까 하는 생각에 얼굴이 달아오르고, 말도 안 되는 소리를 지껄이고 있는 나를 허물치 않고 조용히 지켜봤을 그 어른을 생각하면 또 다시 찻잔을 앞에 두고 논쟁을 할 수 있을까 하는 마음에 부끄럽기 짝이 없다.

내가 남들을 보면서 차맛을 느꼈으니 남들도 나를 보면서 차맛을 느끼지 않았겠는가? 그런 일이 오늘까지 있었다면 내일도 또 그 후에도 계속될 것이 아닌가? 결국 사람의 향기에 비하면 차의 향기는 그다지 중요한 것이 아닐 수도 있다는 말이다. 차맛이란 것이 어찌 한줌의 마른 풀잎을 우려낸 물맛을 이르는 말이겠는가? 차맛이란 결국 그대를 우려낸 맛이자, 나를 우려낸 맛인 것을…

죽향에서 만난 청매화

정진혜 | 서양화가

2001년 다시 진주로 돌아와 첫 봄을 만난곳, 삶의 척박함으로 꽃이 피는 줄도 모르고 거룩한 봄을 잃어버릴뻔했던 그해 2월 끝자락 어느날, 죽향에서 만난 청매화 꽃은 내 삶의 긴 잠식을 깨워주는통증마저 느끼게하는 기적같은 풍경이었다. 움추리고 있던 나의 감성은 진통제를 섭취한 것처럼 다시 살아났고, 슬픔은 녹아서 봄물결과 함께 유려하게 흘러주었던 깊은 기억의 그 곳, 그 사람, 그 차…

그렇게 죽향은 나에게로 왔고 나는 죽향에게로 갔다. 진주로의 서글픈 귀향 후, 나의 첫 위안이 되어준 죽향의 공간, 사람, 차는 내가 안식할 수 있도록 터를 만들어주었고 따뜻한 사람내음으로 내 마음을 감싸안았으며, 진주에서의 생활을 고요한 평화로 끌어주었다. 그 선연한 마음의 기억은 늘 감사와 사랑으로 물결을 이루어 지금도 유유히 흘러가고 있다.

많은 사람들이 차를 비롯하여 문화생활이라는 범주에서 갈증을 느낄 때 죽향을 찾는듯했다. 물론 나 또한 그러했다. 거기에는 많은 의미들이 제 각각 있었을테고, 사람들은 문화의 고상한 욕망을 불러일으키는 죽향에게 매료되는 것이 당연한 것이라고 여겼다.여기서 고상한 열망이라고 해서 호사스러운 것도 아니고 대단한 오락거리가 아니라는 것을 밝히며 예술을하고 차 문화를 향유하기 위해서 나는 죽향에게 가는것은 아니었다. 나에게 와 있는 죽향은 그 보다 훨씬 많고 큰 배움과 누림과 교감의 장소였다.

넘쳐나는 문화의 풍요로움으로 흥분을 금치못하고 분분했던 나의 시선과 마음과 머리를 정돈시켜주는 그곳, 죽향에는 아름다운 사람이 있었다. 나는 날이 갈수록 그 사람들에게서 무엇보다 큰 진실된 사랑을 느꼈었다. 그렇게 그렇게 나의 죽향은 15여년나와의 인연 시간이라는 세월을 먹어 지금 스무 살이 되었다. 성인이 되었다는 것이다. 그 푸르되 날카롭고 다침이 많은 십대를 잘 이겨내고 아름답게 성숙해진 죽향을 바라보니 숙연해질 정도로 기쁘다.

아마 많은 이들이 나와 같은 입장에서 죽향과 교류하고 교감했기에 지금까지의 긴 항해에서도 파선되지 않고 죽향이라는 배 한척이 여기까지 흘러오지 않았을까 싶다.

모든 것은 사람이 한다. 사람 냄새야말로 최고의 문화향기가 아니겠는가… 그래서 지금의 죽향이 진주문화의 심장부가 된 것이라고 믿어의심치 않는다. 이 얼마나 고맙고 기쁘며 다행스런 일인가! 아직도 죽향의 긴 여정이 있으며, 그 길에 많은 사람들은 등불을 밝혀 줄 것이며 함께 가기를 소망할것이다.

2005년 8월 8일 죽향의 여덟번째 생일날은 내 인생의 새로운 은폐와 열림과 이별과 만남이 함께 장을 펼친 개인전 날이었다. 그날의 인상은 내 생의 최고의 엑스타시이며 죽향과의 만남에서 절정이었다. 지금도 그 해 여름을 반추하게 되면 한없이 가슴 뜨겁고, 아픔과 치유의 편린들이 영롱하게 뇌리에 박히는 것만 같다. 그 날의 모든 상황을 기용아폴리네르의 싯구절로 스케치해본다. "비는 내 인생의 놀라운 만남들처럼 내리고 있다. 오 빗방울들이여, 성난 구름이 청각의 도시들을뒤흔들며 우르릉댄다. 들어보라 회환과 환멸이 옛 음악에 맞춰 흐느껴 우는듯한 빗소리를 그대를 묶어 놓고 인연의 끈이 하늘에서 내려오는 소리를 들어라."

이 날 죽향은 쓰러진 심신에 숨을 불어넣어 나를 살려주었고, 이후 지속적으로 상처난 내 삶을 먹이고 입히고 재우며 치유해주었다. 아 이 명료한 사랑의 길, 죽향의 길!

죽향 20주년 기념 전시회

죽향에 핀 꽃 "히말라야"

박정헌 | 산악인 · 히말라얀 아트갤러리

… 아픔

2015년 4월25일 히말라야의 나라 네팔에는 7.8의 강진으로 무려 8,600명의 사망자가 발생하고 1만7천871명이 부상을 입었다. 한순간 사라진 삶의 터전은 무려 29만9천588채로 인명과 재산의 피해는 복구될 수 없는 천문학적 수치에 도달했다. 하늘아래 살아가는 모든 사물들을 신으로 아는 이들에게 신이 내린 벌은 인간에게 내린 가장 가혹한 벌이 아닐 수 없었다.

신의 나라 히말라야에 신은 과연 우리를 내려 보고 있는지 하늘을 향해 이들은 합장했다.

제발 여기서 멈추어 달리고 …….

자신의 잘못을 용서해 달라고 …….

네팔의 재해는 빈곤 속의 빈곤을 불렀지만 세계 각국에서 이들을 향한

원조가 시작되었고 UN을 중심으로 한 각국의 구호물자와 NGO들이 파견
되어 하루하루 복원과 구호에 온힘을 다했지만 너무도 큰 재앙을 지우기
에는 자본과 일손이 턱없이 부족했다.

이러한 마음들은 손으로 마음으로 이어져 세계 각국에서 네팔을 향한
작은 나눔이 시작되었다. 이곳 진주에서도 히말라야를 사랑하는 순례자들
과 작은 나눔을 전하려는 죽향의 도반들이 예술가 작품을 기증하고 사
람들은 자신의 지인들의 손을 잡고 사랑의 자리를 만들었다.

죽향에서 행해진 이 네팔 사랑 나눔 행사는 무려 3천만 원이라는 큰 사
랑을 만들어 지진으로 사라진 네팔 만단지역의 300명의 보금자리를 재건
축했다.

··· 인연

불교에 옷깃만 스쳐도 인연이라 했다.

하루에 우리는 수많은 인연을 만들지만 정작 그 인연들은 바람과 같아
온전한 인연의 "끈"으로 묶기에는 그 수도 양도 헤아릴 수 없다.

우리의 작은 만남은 이리 시작된다. 이미 죽향은 진주성 아래 대표적인
"객잔"의 한 곳이다. 한양에서 내려온 사람들과 진주의 맛을 즐기려는 사람
들로 인산인해를 이루는 화원이나 다름이 없었다.

한 잔의 차와 소담에 마음을 풀고 근심을 푸는 해우소 같은 차방이다.

이미 나도 여러 번 죽향을 오갔지만 정작 마음의 교감을 나누기는 나의

일상과 현실이 조금은 거리를 두었나 보다.

이 뜨거운 만남을 위하여…… 어쩌면 그 많은 시간을 흘린 지도 모른다.

순례자들은 누구나 히말라야로 떠난다. 그리고 그 추억을 먹고 살아간다. 티베트를 거쳐 네팔을 돌아온 초전의 강동국 사장님은 죽향에서 차를 나누면서 네팔 사람들의 아픔에 관한 마음을 전하면서 죽향차문화원의 김형점 원장님과 우리가 도움을 손길을 줄 수 있는 방법을 모색해 보자며 작은 꽃을 피우기 시작했다.

발 없이 천리 길을 간다는 말은 히말라얀 아트갤러리와 다시 인연을 이어 우리는 네팔 사랑 나눔 행사를 준비하기 시작했다.

꿈은 소박했지만 우리는 죽향에서 차를 올리면서 도반들에게 차에 의미와 가치를 만들어 사랑 나눔을 준비했다.

대망의 행사는 그날을 맞는다.

… 나눔

2015년 6월25일

죽향 객잔에는 온종일 사랑이 가득했다. 사랑을 주려는 사람들과 그 사랑에 감사의 합장을 올리는 사람들로 죽향의 따스한 온기가 하늘로 올랐는지 이날은 하루 종일 하늘이 울었다.

2층 객잔의 따스한 대추차를 내리는 향기는 온 동네를 돌아 네팔까지 가고 있었다.

3층에는 최준걸 화백님을 비롯한 예술인들의 기증된 작품과 아웃도어 의류, 학용품 등이 에베레스트처럼 높이 고도를 올리고 있다. 사람들은 한 잔의 차를 마시며 조용히 10잔의 잔을 채우고 빗속으로 사라지곤 했다. 네팔 그 사랑이 무엇인지 이들의 마음을 녹이는 걸까 그 영이 맑다. 멀리 서울에서 우리에게 힘을 주기위해 내려온 통기타 가수 박강수씨의 무대는 모두에게 비타민 같은 시간이었고 성공 스님의 사회로 시작된 예술품 경매는 마치 삼천포 어시장의 중매쟁이처럼 신난 모습들이다. 이날 네팔 사랑 나눔은 사람이 마음을 사고 마음이 사람을 사는 멋진 행사로 히말라야의 영롱한 별빛처럼 빛났다.

후원으로 완성된 네팔의 안나 푸르나 트래킹

… 사랑

창밖으로 멀리 에베레스트가 구름바다를 뚫고 피라미드처럼 솟아있다. 우리일행은 죽향 나눔 그 열매를 맺기 위해 네팔로 날아가고 있었다. 사랑 나눔의 주축이 된 죽향차문화원 김형점 원장님, 최준걸 화백님 그리고 업무 차 함께 자리를 빛내준 이창희 진주시장님과 우리일행은 3달 전 나눔 행사의 수익금으로 재건축된 산골학교 준공식을 위해 길 위에 있었다. 대지진 이후 가장 많은 피해를 본 곳이 산악지방이다. 가장 높이 솟은 봉우리가 중심점이 높기 때문에 산골의 학교들은 대부분 복원이 불가능할 정도로 파괴되어 신축을 해야 하는 상황으로 지금도 겨우 20%정도의 학교만 복원되었고 나머지는 아직도 비닐하우스나 대나무로 만든 임시 움막에서 수업을 진행하고 있다. 하지만 그 속에서도 웃음을 잃지 않는 아이들의 해맑은 미소가 우리를 반기고 있었다.

카트만두 시내에서 지프차로 2시간 거리에 위치한 산골마을 만단은 가옥과 학교 대부분이 파괴된 지역으로 대부분이 농사로 겨우 끼니를 때우고 갈아가는 사람들이다. 그 험준한 산꼭대기를 2시간이나 걸어서 등교하는 학생들도 있다고 한다. 가파른 산길로 접어들어 끝없이 달리자 모두 이 산위에 학교는 없다는 표정들이다. 히말라야가 바라보이는 산 능선에 올라서니 마음이 열리기 시작했지만 온통 주변에는 파괴된 집들이 즐비하고 그날의 아픔을 낮술로 지우려는 사람들이 간간히 나무 그늘에서 영혼을 안식하고 있다. 큰 보리수나무 밑에 차가 정차하자 우리의 도착을 알리는 풍악소리가 울려 펴진다.

온 동네 할머니, 할아버지, 아이들까지 마치 이들의 대축제인 것처럼 온 산이 울렁이고 흥분된 모습들이다. 입구에서부터 아이들의 행렬이 줄을 지어 꽃목걸이와 환영을 신을 부르는 티카를 이마에 찍어주는 이들의 맑은 표정은 우리내 얼굴과는 다른 신세계의 아이들이란 생각이 든다. 아이들의 환영공연은 예술의 전당 10만원의 표로 그 감동을 느낄 수 없는 돈으로 살 수 없는 행복의 순간들이었다. 목이 부러지게 주렁주렁 걸린 꽃목걸이와 그날의 심장은 아마 두 배는 더 크고 값진 추억이었다. 사랑 그것은 언제나 작은 불씨 같은 시작이었지만 희나리처럼 타올랐다. 사랑 나눔을 함께해준 죽향의 모든 가족들과 추진위원님 사랑의 손길을 내밀어주신 모든 분들의 마음을 향해 경배합니다. 진심으로 마음을 드립니다.

후원으로 완성된 만단학교 방문

죽향 20년 개원에 즈음하여

빙허당 박완희 | 식약처지정HACCP교육기관 식품안전교육원 원장

"나는 토담을 둘러 집을 짓고 싶다. 문 뒤로는 대나무와 다른 나무를 풍성하게 심고 풀밭을 만들어 꽃씨와 풀씨를 뿌리며 벽돌로 중문에 이르는 오솔길을 내고 싶다. 오솔길은 두 간 방이 있는 오두막으로 통하게 해야지. 방 하나는 오는 손님들을 위한 화식畵室이고, 다른 방은 책과 그림, 지필묵 紙筆墨, 술잔과 화구茶具를 갖추어야지. 이 곳에서 친구와 젊은 후배들이 오면 문학을 논하고 시를 읊어야지. 이 두 간 오두막 뒤로는 살림방 세 간, 부엌 두 간 그리고 허드렛 방 한 간을 지어야지. 그러니 방은 8간이면 충분하고 지붕은 모두 띠 풀로 덮으면 되리."

청초의 삼유三儒로 숭앙받았다는 명말明末, 청초淸初의 사상가이자 학자이던 강소성 사람 고염무顧炎武가 노년의 당신 심정을 읊은 遠路不須 愁日暮 老年終自 望河淸이라 지은 한시 내용의 뒷 배경이다. 옛 진주 시청이 있던 진주청소년수련관 앞에 있는 죽향 찻집에 들르는 필자의 심정을 대

신하는 글이라 소개한다. 2층의 죽향 찻집과 다구점은 진주 사람들이 지기들과 함께 망중한을 즐기는 다담茶談 장소로, 3층 죽향 차문화원은 책과 그림과 음악과 문학을 나누며 예술을 즐기고, 다도 교육을 수련하는 진주 사람에게는 특별한 공간이다.

4차혁명 시대, 지난 200년 동안의 세계사를 이끌던 동서의 주역이 바뀌는 이 반전의 시대에 죽향은, 진주 사람들에게 중·장년기 삶의 의미를 찾으며, 여유 시간을 만들고 싶은 서두의 시와 같이 고염무가 꿈꾸던 오솔길이 있는 모옥茅屋이다. 사랑하는 사람들을 만나기 위해 나서는 시골 정자나무 앞의 정류장이다. 또한 일상의 다망한 시간 중 어느 한 순간, 문득 여유를 즐기는 시간을 만들어 차가 마시고 싶어질 때, 손쉬운 거실의 찻 자리를 뒤로 하고 굳이 집을 나서며 외출하고 싶게 만드는 특별한 공간이다.

명절날 차례를 지내고 친지들과 헤어진 오후 나른한 시간, 왠지 이곳에 오면 반가운 옛 친구를 만날 수 있게 되리라 생각되는 뜻 깊은 옛집이다. 그리고 진주 젊은이들에게 죽향의 찻자리는 엄마의 품안 같이 편안하게 우리 차를 음미하며 옛 선인들의 흔적을 느끼며 친구들과 즐겁게 재잘거릴 수 있는 고향집 대청마루이다. 그리고 그간 뜻하지 않게 중도 퇴직한 처지가 되면서 비로소 지난 삶의 실책을 깨달으며 "날이 추워진 뒤라야 소나무와 잣나무의 푸르름을 새삼 알게 된다歲寒然後知松栢之後凋"는 공자의 어록의 의미를 체감하던 필자에게 죽향은 득오, 화담 선생 양주兩主의 늘 한결 같았던 덕담을 듣게 했던 따뜻한 마음이었으며, 위기마다 삶의 열정과 일에 대한 열애를 다시 만들며 인생 이모작을 다시 설계할 수 있게 한 사색하는 장소였다.

죽향은 개업 당시는 상업적 한국 전통 찻집의 성격만으로 개원하였다. 당시, 30대의 안주인이었던 화담선생이 찻집을 개업한다고 하였을 때 선생을 아끼는 많은 사람들이 이를 말렸다고 할 만큼 차사업 분야는 젊은 사람이 뛰어 들기에는 성공하기 어려운 분야라고 생각하는 특별한 사업 아이템이었다고 한다. 단지 차가 좋아서 꼭 찻집을 열고 싶었다는 화담선생은 이곳에서 불혹不惑의 나이를 넘기며 찻집 위층에 차문화원을 개설하며 효당계 반야로 선다도禪茶道를 전수하기 시작하였고, 하동과 산청의 차밭으로, 전국의 사찰로, 서울로, 남도로, 중국, 대만, 러시아, 프랑스로, 국내·외를 넘나들면서 많은 선지식을 만나고 공부하며 지천명知天命의 나이에 접어들면서 한국 차문화계와 차학계의 동량棟梁으로 일취월장하였다.

18세기 프랑스의 초기 살롱이 귀족들의 수집품이나 미술작품을 전시했던 곳에서 살롱 문화가 활발해지게 되면서 재능의 집으로 불리우게 되며, 편지나 회상록을 쓰거나 작가들의 모임, 회화, 대회, 어울림의 공간으로 변모해 가면서 지식인, 귀족, 시인, 학자, 예술가, 관리자, 군인 등 각계각층의 사람들이 자유롭게 의제를 표출하고 대화하는 공간으로 변모하면서 품위 있는 대중의 탄생과 지식인들의 토론 장소로 변해갔듯이, 진주의 죽향 공간은 안수인이 직접 만든 수제차를 제공하던 상업적 공간에서 점차 학계, 교육계. 예술가, 수도자, 다인 등 진주 지식인과 예술인들의 다담茶談자리와 만남의 장소로 변하였고 어느새 20년이 흐르면서 진주 문화인이 모이는 중심 장소가 되었다.

　이제 죽향은 한국 차문화계에서 알려진 대부분 차인들은 다 아는 영남 차계의 명소가 되었으며, 진주 시민들에게는 언제라도 찾아가면 문이 열려 있는 따뜻한 사랑방으로 자리하게 되었다. 절대절명의 위기마다 한국 역사의 흐름을 바꾸었던 우리 진주 옛 선인이 남겨준 진주정신으로 권력의 근본이 국민이 아니라 권력자 일개인, 특정한 집단의 사유물이라는 것을 거리낌 없이 드러내며 유사 이래 가장 추악하고 오만했던 권력이 그간 쌓아 올렸던 지난 시절의 누적된 문화 예술 분야의 적폐가 깔끔이 청산되기를 간절히 염원하며, 필자의 진정을 담아 아래와 같은 축사로서 축하 글을 마무리 합니다.

　"꽃은 진종일 비에 젖어도 향기는 젖지 않는다"던 모 시인이 노래한 매화 꽃잎처럼, 성하盛夏의 명석면 비실마을 연지蓮池에 만개한 연꽃의 고아高雅한 자태처럼, 도심의 더위를 막다가 지친 남강변 청대 숲에 불어와 죽엽과 함께 청아한 노래를 들려주던 사각거리는 가을바람 소리처럼, 한 겨울 두류산 정상에서 삭풍朔風을 맞고 서 있는 송백松柏 잎을 감싸며 밤새 가만히 내려앉은 백설의 포근함처럼, 득오, 화담 두 양주 분께서는 늘 그 자리에서 우리 진주문화 사랑방 주인으로 남아 있기를 간절히 바라며. 춘하추동春夏秋冬, 하루도 쉼 없이 문을 여는, 진주 원 도심 강변 가까이, 옛 진주시청 앞에 자리한 한국 찻집 죽향竹香은, 진주문화의 부침과 함께 늘 그 자리에서 그 아름다운 향기로 세세년년歲歲年年 영원하리라.

나무풍경 소리

죽향에서 가족들과

이관형 | 치과 원장

우리 부부가 걷기 모임에서 백두대간을 걷는 일주일 여정에 한참 열중해서 참여할 무렵이다. 매일 1,000고지를 오르는 일정의 마지막 날 아내의 몸에 이상 증상이 와서 하산하고 힘들어할 무렵 죽향에서 우리 부부에게 보이차를 소개했다. 지금부터 20년 전이니 시중에 보이차가 지금처럼 흔하지 않을 때이다. 비오는 날 초가헛간에서 타고 내려오는 짚물과 같은 색과 맛에 그 진가를 알아보지 못했다. 그 자리에서 우리 부부는 무슨 마력에 끌리듯 쉼없이 맛과 향을 비평하며 권하는 대로 마시는 중에 등에서 땀방울이 스르르 흘러내리며 흐트러진 몸을 추스릴 수 있는 체험을 하게 된 이후로 지금까지 보이차의 첫만남을 잊을 수가 없다.

지리산 밑에서 신혼을 시작해서 아이 넷을 낳고 진주로 이사와서 막내

다섯째를 낳았다. 그땐 우리 아이들 유치원에서도 차도수업을 만들어 우리 차를 접하는 붐이 일어날 정도로 여기 저기서 차를 소개하는 모임들이 많았고 아이들도 저절로 전통차를 접할 수 있었다. 집에서 자연스럽게 모여 앉아 차를 마시게 되었고 저녁 나들이로 죽향에서 가족차회가 아이들에게 설레이는 시간이 되었다. 새로운 차식과 분위기에 서로의 마음을 나누는 소중한 시간들이었다. 지금도 아이들은 20년 전 출출한 저녁에 따뜻한 전통차와 함께 조청에 찍어먹은 노릇한 가래떡을 얘기한다.

나에게는 집에서 차구를 준비하고 뒷정리하는 아내의 수고로움도 덜어줄 수 있는 그런 기회의 장소였다. 또한 아이들 키우느라 외출이 자유롭지 못한 아내가 차를 통한 인연들을 만나는 소중한 시간이었다. 큰딸이 중학교에 갈무렵 아이 다섯의 교육은 우리 부부에게 큰 현실이었다. 우린 고민 중에 생업을 접고 캐나다이민을 선택하고 올해로 15년의 교육터널을 통과해 한국으로 다시 들어왔다. 막내까지 캐나다에서 대학을 마치고 성인들이 되었다. 15년 동안 진주도 많이 변했다. 이민생활 중간 중간 들어오면 여전히 그 자리를 지키고 있는 죽향에서 가족들이 함께한 기억들을 되새기며 다시 흩어진 가족들이 모이는 시간을 기대한다.

이역만리 타국에서 겪는 외로움을 달래고 돌아간 그런 기억의 장소이며 향기이다. 이제는 일곱 식구가 다 모여 그 장소 그 기억에 모여 추억과 향기를 나눈다. 세월은 가고 추억은 남아 우리의 삶을 풍요롭게 장식하고 죽향 한 가운데 걸린 나무풍경은 우리가 서로 변함없이 사랑하라고 자기 몸을 서로 부대끼며 소리를 만들며 새 인연을 맞이한다.

차의 미덕

조연옥 | 죽향진차회 회장

우리나라 차 역사는 분명 짧지만은 않은 역사임에도 불구하고 지금 현대인들에게는 새롭고 흥미로운 하나의 거리처럼 느껴지는 데 불과합니다. 일찍이 일제강점기를 거쳐 6·25를 겪고 사회의 불안정한 혼란 속에서 생계가 시급하던 시절 그 척박한 삶 속에서 차의 문화 맥을 이어가기란 결코 쉬운 일이 아니었을 것입니다. 그런 점에서 보면 1962년도 한국차 역사상 최초로 상품화하여 다시 한국차의 문화를 부흥시킨 부모님은 선구자라 감히 말씀드리고 싶습니다.

부모님으로부터 가업을 이어받아 차 만들기 시작한지가 어언 20여 년을 넘어서고 있습니다. 결코 시간의 길고 짧음을 말하고자 함은 아닙니다. 아직도 차인으로서 부족한 점이 너무 많아 차에 관한 글을 쓴다는 것이 미흡하여 혹여 부모님을 비롯하여 차계의 옛 선현들께 또는 차인들께 누가되지 않을까 염려스러움이 앞섭니다. 하여 지금부터 저의 부모님! 조태연

옹, 김복순 여사의 차의 정신과 철학에 관한 이야기를 조심스레 열어 봅니다. 짧게나마 우리나라 차 역사와 차문화의 한 면모를 엿볼 수 있는 계기이기도 할 것입니다.

녹차가 최초 상품으로 된 것은 1962년도 조태연 옹1919~1996, 김복순 여사1916~1992 두 분에 의해서였습니다. [이 두 사람은 한국 녹차 제다법의 일반화와 상품화를 시도한 기념비적인 인물이라고 할 수 있다라고 '정동주 차 이야기' 편에 게재되었음]

녹차 만들기 위한 첫 모험은 차나무를 찾아 나서는 일이었습니다. 1950년대 중반 무렵 부산 동래의 우장춘 박사 농장에 차나무가 있다는 말을 듣고 그곳을 직접 찾아갔던 적이 있었다고 합니다. 온천장 뒤 차 밭골이었는데 그곳에서 찻잎을 따와 연탄불 피워놓고 무쇠솥을 걸어 차를 덖으며 기억 속에 들어 있던 제다 기술이 고스란히 되살아나면서 차 맛을 본 어머니의 눈에는 눈물이 글썽이며 만족하였다 합니다. 그때부터 차나무가 있다는 전남 해안지방을 시작으로 해남, 고흥, 보성, 승주, 구례, 하동, 사천 등을 답사하기로 마음먹고 길을 떠났습니다. 먼저 해남지방에 도착하여 차나무가 있다는 곳을 찾아간 아버지는 몹시 실망하였다 합니다. 초의 스님께서 차를 만들어 차 살림을 꾸리셨다는 역사로 볼 때는 가장 큰 기대를 할 만한 곳이라 여겼기 때문입니다. 대흥사 주변에 차나무가 자라고는 있었지만, 경제성이 없어 보였다고 합니다.

1962년도 드디어 차를 만들기 위해 부산에서의 생활을 정리하고 2월에 하동군 화개로 이사를 하여 신촌 마을이라는 산비탈에 자생해온 차밭을

15년 임대하여 그해 봄부터 찻잎을 따다 차를 만들기 시작하였습니다. 그렇게 만든 '녹차'는 대부분은 팔지 못한 채 재고로 남아 첫 해의 참담한 실패가 낳은 후유증은 부모님과 우리의 삶을 오래도록 고난 속으로 몰아넣고 말았습니다.

상황은 점점 어려웠지만, 그 속에서도 찻일은 계속되고 점차 명성은 널리 알려졌습니다. 곤양 다솔사 효당 최범술 선생을 위시하여 청사 안강석 선생과 전국의 여러 스님들이 저의 부모님을 찾아와 격려해 주셨지요. 특히 효당 스님께서는 '선차'라는 이름 대신 '죽로차'라는 이름이 더 좋을 듯하다며 도움말을 주셔서 '지리산 죽로차'라는 이름과 '지리산 작설차'라는 두 이름을 함께 사용하기도 하였습니다.

1967년에는 경상남도로부터 식품 허가를 받아서 본격적인 녹차 생산을 하였지만, 여전히 판매 실적은 부진하였습니다. 그런 상황에서 녹차의 생산 판매가 전국적으로 일반화되기 시작했는데 일본에서 개발한 기계식 증차법으로 만든 녹차와 부모님이 손수 만든 녹차가 함께 시판되기도 하였다 합니다.

한국의 녹차는 가공업자와 판매업자로 분업화되면서 이 과정에서 판매업자인 자본가들의 지나친 이윤 추구 때문에 녹차의 판매 가격이 끊임없이 높아졌고 녹차의 재배와 가공업자는 빈곤을 벗어나지 못하는데도 판매업자는 계속 이득을 챙기는 모순이 심화되었지요.

그 과정에서 공장에서 대량생산되는 증차와 함께 부모님의 선차를 원류로 한 이른바 전통 수제차 종류도 점점 늘어나면서 품질은 저하 되고 가격만 높아지는 모순이 쌓여왔는데 이는 숨길 수 없는 한국 녹차 역사입니다.

한국의 녹차는 크게 두 종류로 나눠 볼 수 있는데 대량 생산 기계 설비를 갖춘 공장에서 만드는 일본식 증차가 있고 제조 전 과정을 손으로 처리하는 이른바 전통 수제차로 구분할 수 있습니다. 손으로 만드는 녹차는 다시 두 종류로 분류할 수 있는데 해남 대흥사 초의 선사 제다법을 원류로 삼는 사찰 녹차와 어머니 김복순 여사로부터 시작된 덖음 녹차입니다.

김복순 여사의 수제차 법은 일반인에게는 전승되지 않았으며 아들 조성호지금의 '조태연가 죽로차'로 제다하고 있음와 막내딸인 제가 계승 받아 가업으로 그 맥을 이어가고 있습니다. '선차'는 즉 부모님은 우리나라 녹차 제조 역사상 최초로 식품제조허가를 받았지만, 사회가 어둡고 혼란스러웠던 시절 암암리에 행해지는 모함 속에서 반납하게 되었고 다시 재발급받기엔 법이 개정되어 힘들게 되었습니다. 허가증 없이는 시중에 판매할 수도 없는 상황이 되어버리자 암담해졌습니다. 부모님과 저희가 겪은 수난과 고통, 생존은 곧 차에의 '귀의'였음을 말합니다. 어려운 생활 속에서도 어떠한 유혹이나 핍박에도 흔들림 없이 차의 올곧은 정신 하나로 지키며 그 맥을 이으시고 전승해 주신 부모님께 깊은 감사와 존경을 표합니다. 저의 부모님을 도와주신 모든 분께도 이 자리를 빌려 두 손과 마음 모아 깊이 머리 숙여 감사드립니다.

죽향 20년

권덕암 | 덕암수제원

김형점 원장은 맏며느리였는데 집 안에서 시부모님을 고운 심성으로 잘 모셨고, 두 시동생들과도 아주 다정다감하게 지내는 신세대 며느리였다. 특히, 시아버지의 신임이 두터우셔서 죽향 출범 때 시아버님께서 지원을 아끼지 않으셨다.

2층 찻집 현관문 위에 [죽향]이라는 한글 현판이 걸려있는데 상호명은 대원(당시 대성) 스님이 지었고, 글씨는 죽헌 선생이 쓰고, 서각은 송문영 선생의 솜씨다.

지금은 이전했지만 개원 당시 시청 앞 죽향 찻집은 꽤 유명세를 타기 시작해서 3~4년 후에는 2층 옆방을 차 · 다구점으로 확장하였고, 부군인 김종규 사장도 함께 경영 일선에 나섰다. 부부가 함께 하면서 죽향 찻집은 더욱 발전의 가속도가 붙었다. 죽향 찻집이 날로 번창한 데에는 김형점 원장의 가볍고 명쾌한 친화력과 김종규 사장의 너그럽고 두터운 포용성이 함께

빛을 발했기 때문이다. 물론, 진주 차인들의 직·간접적인 도움과 자주 드나들었던 손님 또한 죽향 찻집을 키운 후원자들이다. 두 사람 모두 사람을 좋아하였고, 누가 와도 금방 친숙해지는 친화력은 대단한 마력이었다.

올해로 14회를 맞는 서울 국제 차 박람회에 10년 연속 진주 차인을 위해 안내 봉사를 아끼지 않았다. 박람회 행사 초창기 때만 해도 차 박람회가 드물었기에 차인들마다 그날 하루 소풍가는 기분으로 다들 좋아하였고, 또 다른 차생활의 소통이었다.

죽향 찻집 10주년을 기점으로 이미 죽향은 전국에서 알아주는 유명한 곳이 되었고, 같은 건물 3층에 죽향 차 문화원을 만들어 후진 양성에 열정을 쏟기 시작한다. 선차회와 진차회를 통해 수많은 차인들이 배출되었고,

이때 본격적으로 [죽향미인]이라는 발효차를 손수 만들었다. 차 맛이 달고 향기 또한 좋아서 죽향의 대표 차로 자리매김하고 있다. 이름과 법제 과정은 대만의 동방미인에 견주어 우리 찻잎으로 만든 차다.

그동안 얼마나 많은 사람들이 죽향을 다녀갔겠는가. 그 일면에 죽향 인연으로 여럿 부부가 탄생했는데 거기에는 국제결혼도 있었고, 우리 부부도 죽향 찻집을 통해 맺은 인연이다. 일요일이면 종종 맞선자리를 볼 기회가 많았는데 아마 수십 쌍 이상의 인연이 부부의 연을 가졌다고 생각된다.

무엇을 하던 한 곳에서 20년을 고수하기는 쉬운 일이 아니다. 죽향 20주년을 맞이하여 30代였던 부부는 50代가 되었다. 두 사람이 변모한 만큼이나 주변 환경도 많이 달라져있다. 특히, 지금 우리 차계의 주변 여건이 녹록치 않다는 점에서 깊은 고민이 필요한 것 같다.

쉼 없이 달려 온 죽향 열차!

너무 대단하고, 애썼고, 고맙다.

「사람 하는 일이 겁난다」는 선인들의 말씀이 퍼뜩 지나간다.

서울사람

염선행 | 서양화가, 사진작가

남편의 이직으로 따라 내려온 진주

서울을 떠나서 절대 살 수 없다고 생각한 서울토박이

15년 전 서울에서 온 이방인

이웃은 날 서울사람이라고 불렀다.

틈만 나면, 서울나들이가 잦았다.

진주에서 늘 이방인 같았던 때, 서울나들이는 애잔한 안식이었다.

마음 방황이 외로움과 공허함으로 커져갈 때

사람 좋아하던 내게 다가온 죽향이란 곳

그곳엔 따스한 사람이 있고, 따스한 차가 있고, 따스한 정이 있다.

사랑을 전도하는 기독교인인 내게, 죽향은 사랑으로 다가왔다.

사랑뿐 아니라 섬김과 겸손과 인내도 있다.

그곳에 가면 행복한 냄새가 난다.

머릿속에 그려진 그 냄새를 그림으로 그리고 싶다.

사람들에게 막 말해주고 싶다.

기쁠 때, 슬플 때, 외로울 때, 심심할 때, 배고플 때, 아무 때나……

죽향으로 가보세요.

그곳엔, 해답이 있어요.

해외나 타지에서 오는 손님은 꼭, 무조건, 언제나

죽향에 모시고 간다.

거기엔 사람을 행복하게 만드는 그 누구도 흉내 낼 수 없는 사랑이 있기 때문이다.

어느 날의 에피소드가 생각난다.

그곳엔 까만 돌이 가운데 떡하니 자리 잡은 큰 원목 테이블이 있다.

찻잔을 데우고 난 후, 그 물을 테이블에 그냥 버리는 것이다.

그 물은 까만 돌 밑으로 흘러 어느새 사라지기를 반복

"이 물이 어디로 가나요?"

"돌 아래로 흘러서 남강까지 흘러내려 간답니다. 그래서 아주 편해요."

"그렇군요. 참 신기하네요."

두 번째 방문했을 때, 신기해서 또 물었더니, 박장대소를 하신다.

"그걸 믿으셨어요?"

까만 돌이 사는 테이블은 지금도 죽향을 가면 제일 먼저 인사하는 친구 같은 존재다.

　그 날, 난 부부에게 죽군과 죽부인이라는 닉네임을 지어 선물했다.

　사랑에 위트까지 가지신 두 분께 감사함으로,

　사진 찍기 좋아하고 죽향 알리기에 동참하고픈 생각에 시작한 인터넷 다음카페 '진주죽향이야기'는 많은 사람들을 접하고, 훈훈한 이야기를 공유하고, 좋은 글과 사진으로 미소 짓게 만드는, 행복한 공간으로 성장해 가고 있는 듯하다.

　인터넷카페를 만들고 난 뒤, 회원가입과 글 올리기에 열심이었던 기억이 새롭다.

카페가 조금씩 성장하던 중, 사진 찍기 좋아하는 사람들이 여럿 모이게 되었다.

서로의 사진작품을 세상에 알리고 싶고, 만나고 싶어 했다.

죽향엔 찻자리 뿐 아니라, 3층의 전시공간이 있다.

10여명의 회원들과 함께 세 번의 사진 전시회도 했다.

3층 공간은 예술작품 전시장으로 손색이 없다.

조명, 공간 활용도, 접근성, 주차, 관람객 맞이 등에서 작가로서 추천하고픈 훌륭한 공간이다.

나도 2019년엔 서양화 개인전을 기획하고 있다.

소확행小確幸이란?

작지만 확실한 행복

쇼 윈도우에 진열된 예쁜 찻잔 앞에서의 설렘

스치는 바람이 이끄는 산책길

좋아하는 의자에 앉아 잠시 조는 순간

하얀 캔버스 앞에 앉아 있는 나

그리고

죽향 가는 길

竹 香
人間의 品格을 높이는 茶道의 殿堂

이나경 | 차예절 지도사

사람의 格

사람이 많다. 같은 듯 다른 사람들이 참 많다. 그 많은 사람들이 각기 타고난 기질이 다르고, 하고자 하는 욕망이 다르다. 재화財貨는 한정되어 있는데, 가지려는 사람들은 많다. 과한 욕심에 만족을 모른다. 열을 가진 사람이 한 개 가진 것을 빼앗지 못해 안달이다. 만인 대 만인의 투쟁이다. 욕심을 채우기 위해 부모를 죽이고, 책임에 겨워 자식을 버린다. 참담하다. 고개를 돌려 다른 쪽을 보자. 의학과 신학을 전공하고 헐벗고 굶주리고 병든 자들의 땅에서 그들과 동고동락하다 병마에 쓰러져 떠난 '세상에 잠시 머물다간 천사' 이태석 신부님의 마지막 말씀은 "모든 것이 좋다" 였다니… 가슴이 찡하다. 숭고하다. 참 종교인宗敎人, 법정 스님의 글이나 이해인 수녀님의 시詩들은 또 얼마나 사람의 마음을 정갈하게 하는가! 사람이라고 다 같은 사람이 아니다. 불교에서 말하는 근기의 등급은 분명히 존재한다. 유전인자遺傳因子 말이다. 그러나 비록 낮게 났더라도, 부단히 노력하면 맑고 향기롭지 않겠는가?

格, 어떻게 높여야 할까

문화文化다! 정신적이거나 지적知的이거나 예술적인 산물을 지칭하는 의미로서의 문화 말이다. 비극은 거의 물욕에서 오는 것이니, 정신적이거나 지적이거나 예술적인 산물을 향한 욕심을 많이 가져보는것이 좋지 않을까? 그리하여 지난至難하지만 물物에 대한 갈망을 조금씩이라도 자꾸 비워내야 하지 않을까? 저명한 문학가들의 작품속에는 방대한 양의 독서로 축적된 지식과 하늘같은 눈으로 관찰하여 지득한 현상에 대한 통찰 및 그들 삶의 역정歷程을 함께 섞어 풀어 낸 우리가 미처 알지 못한 깊고 넓은 세계가 있음을 알게 된다. 마음이 심란하거나 우울하거나 신이 날 때 거기에 맞는 음악, 예컨대 베토벤 로망스 2번, 슈베르트의 세레나데, 쇼팽의 녹턴, 슈만의 트로이메라이, 폴 모리아 악단의 연주곡들, 나나 무스꾸리 등의 주옥같은 선율들은 또 얼마나 우리 마음을 위무慰撫 하는가. 또 있다. 차茶와 다도茶道가 있다. 당唐 육우陸羽의 茶經으로부터 시작되었다는 차도. 약藥으로 마시고 기호嗜好로 마시던 차를 정신수양의 단계로 올린 차도, 초의草衣는 그의 동다송東茶頌에서 "따는데 그 묘妙를 다하고, 만드는데 그 정精을 다하

실크로드에서

고, 물은 징수眞水를 얻고, 끓임에 있어서 중정中正을 얻으면 체體와 신神이 서로 어울려 건실함과 신령함이 어우러진다. 이에 이르면 다도茶道는 다 하였다고 할 것이다"며 차도를 정의하였다. 그렇다. 차를 따고, 만들고, 끓여 마시는 과정에서 일념으로 정신을 닦는 것이다. 초의가 보내 준 찻잎에 대한 보답으로 추사秋史가 쓴 '명선茗禪'은 명茗, 즉 차와 선禪을 동급으로 자리매김 하고 있다. 게다가 입에 감도는 차의 감미롭고 오묘한 향취는 수양修養에 더한 금상첨화가 아닌가!

나와 茶道, 그리고 竹香

　소싯적 맑은 가운데 은은한 향취가 좋아 커피보다는 녹차를 마셨다. 오래전부터 지향하던 불교를 체계적으로 공부하기 위해 2012년 불교대학에 적을 두었는데, 차茶와 선禪의 사이가 멀지 않음을 알았고, 2014년 3월, 1년 과정의 경상대학교 평생교육원 차예절 지도사 과정에 등록하여 화담 김형점 선생님을 뵙고 죽향을 왕래하게 되었다. 선생님과 죽향의 분위기는 많이 닮아 있었는데, 한마디로 표현하면 '고아古雅' 그것이었다. 선생님과는 차 이외에도 삶의 피로감과 그 극복을 위한 선택지로서의 불교, 불교를 통한 맑은 영靈의 함양 등에 대해 공감대를 형성하며 소통하였고, 특히 2015년 6월경 네팔 지진 이재민을 돕기 위한 행사를 죽향에서 개최하여 그해 겨울 그 모금액을 현지에 전달하고, 산악인 박정헌 대장님의 인솔로 10일간 '수확의 여신' 안나푸르나 베이스캠프 산행을 하였으며, 2016년 6월 진주 LH 박물관에서 개설한 실크로드 강좌의 일환으로 9일간 실크로드 답사를 하였는데 두 번 모두 선생님과 함께 하였다. 그 여정에서 선생님과 나는 삶의 원초적 문제 등에 대해 허심탄회하게 담론하였고 그 기억은 안나푸르나의 영기靈氣와 혜초의 자취 서린 모래 먼지 날리는 광막한 실크로드의 풍광과 더불어 오래도록 나의 뇌리에 남아 있을 것이 틀림없다. 선생님이 일편단심 지극정성으로 끌어 오신 나의 차도의 고향 죽향竹香이 성년을 맞으니 그 기쁜 마음을 필설로 표현하기 어렵다. 20년을 한결같이 그래왔듯 앞으로도 늘 그 자리에서 초심初心으로 고향古都 진주 시민들의 힐링처로서, 나아가 문화 · 사상계의 구심축으로서의 역할을 다 하리라는 것을 믿어 의심치 않는다.

운남성 곤명 민속촌

人間

茶 · 세상을 펼치다

2010년 5월 29일

29주년 차의날 선언문 선포 기념식 및

선고차인 헌공 차례

죽향 차문화원 선차도시연

장소 : 진주 촉석루

통영어린이센터 차도강의

원담스님 출판기념회

삼현여자고등학교 차도강의

아인 박종한 선생님 추모제

경상대학교 외국인 유학생차문화 강의

호주 퀸스랜드 주 한인의 날 선차도 시연

경상대학교 철학과 철학학회 차도 시연

관음선원 헌공 다례 시연

2016년 LH주택 박물관대학 수료식 찻자리

2017년 LH주택 박물관대학 수료식 다과 상차림

2000년 밀레니엄 기념차 · 빙도 | 무게: 6kg, 지름: 51cm

2019년 경남과학기술대학교 백주년기념관 전시개관 찻자리

2017년 정진혜 화가 전시개관 찻자리

2018년 -경남민예총 진주지부 주최 소리공연

竹香

죽향 20주년 기념행사

- 공연 -

죽향 차문화원 3층, 죽향차문화원 인문학 강좌, 다큐 정조문의 항아리 상영

2011년 류건집 교수와 고 임미숙 선생님의 한여름 휘호 차회

2017년 LH 토지주택공사 차회 회원(LH 신광주 관장님을 모시고)

죽향 선차법

전차 煎茶

말차 抹茶

헌공차 獻供茶

죽향선차법

진주는 지리적으로 지리산의 하동과 산청에 인접하여 차를 마시는 음차 문화가 오래토록 계승 중흥되어왔습니다. 올림픽을 전후로 전통문화의 발굴과 계승이 강력하게 요구될 때, 선뜻 차를 생업生業으로 하겠다며, 삼십 대 초반 하던 일을 접고 만류에도 불구하고 찻집을 하게 되었습니다.

차는 맑고 고요하며 텅 비어 있습니다. 대나무와 어울리는 기상을 지녔습니다. 차 한잔을 대할 때면 반듯한 사람처럼 믿음이 갔습니다. 더구나 차를 마시고 다루는 일에서 느끼는 정갈함과 선연함은 참으로 좋았습니다. 대학생 때부터 잘 알지도 못하면서 막연하게 끌렸고 단순 음료 이상의 알 수 없는 그 무엇으로 생각하게 되었습니다. 그러면서 유행하던 커피숍보다는 전통 찻집을 자주 드나들었습니다.

인간은 일상의 삶에서 새로운 인연을 짓고 살아가는 존재임을 불법을 통해 알게 되었습니다. 나날이 향상된 삶을 사는 일, 나도 남도 유익한 삶의 방식에 관심이 갔습니다. 자연스럽게 맑은 차의 길이 평생의 길임을 알았습니다. 차나무가 가진 특별한 기질氣質을 알고 더욱 차의 길이 사무쳤습니다. 차의 맑은 정신을 삶으로 담아내고 싶었습니다. 진주의 선고 차인들이 새롭게 부흥시킨 차문화를 실천하며 계승해 나가고 싶은 간절함도 있었습니다. 물질을 통해 정신세계의 가치를 실현할 수 있는 일이다 싶어서 마냥 의욕과 열정을 앞세웠습니다.

죽향 찻집을 개업(1997년 8월 8일)했던 당시에는 진주에서 활동하던 차회는 몇 안 되었습니다. 69년 결성되어 최초로 차회 활동을 시작했던 진주차인회와 학술적 탐구로 진주차풍의 역사와 차문화의 이론을 체계화시킨 강우차회, 그리고 여성차인회, 김정차회(현 오성다도) 정도가 활발하게 활동하던 시기였습니다. 차회 활동들을 통해 차의 덕성을 드러내고 아름다운 미풍 양속을 계승해 나가고자 애쓰시는 차인들의 모습은 눈부셨습니다. 선임 차인들의 열정적인 모습을 보면서 대중 찻집을 하는 사람으로서 체계적인 차 공부의 필요성을 갖게 되었습니다. 개업과 동시에 찻집 일과 차 공부를 병행하게 되었습니다. 현대 한국의 차문화가 진주지역에서 시작되었지만, 당시는 무작정 서울이어야 한다는 생각이 지배적이었습니다. 사실 차 공부도 공부였지만 서울이란 대도시의 생태, 서울 중심의 차문화를 체험할 수 있겠다 싶어 서울로 발걸음을 들였습니다

그해 97년도부터, 서울시 성북동 (사)명원차문화원에서 2년의 사범 과정을 시작으로 차 공부의 여정이 시작됐습니다(97~99). 차와 차문화를 형성하는 기본적인 요소들과 차를 다루는 과정을 숙련케 하는 공부가 전부였습니다. 여기서 선대(先代) 여성차인으로서 일가—家를 이룬 故명원 김미희 선생의 자취를 따님 김의정 이사님으로부터 제대로 배우게 되면서 차 공부며,

차 업이며, 차문화 활동까지 열심히 하게 된 자극제가 되었습니다.

그 후 2001년 강우차회 10주년 기념행사 "진주시민과 차생활"의 행사에서 '중국 생활차법'을 시연을 하게 되었습니다. 그 자리에 초청되신 반야로 차도문화원의 채원화 본원장님을 만났고 반야로의 공부와 인연이 닿았습니다. 선생님을 뵙는 순간, 차 공부의 목적과 방향과 내용 등,차를 통해 추구하고자 하는 이념과 삶의 가치가 일치함을 알게 되었습니다. 다시 5년에 걸쳐 진주와 서울의 인사동을 오가며 반야로차도를 공부했습니다(2001~2006). 채원화원장의 강의는 치문緇門을 시작으로, 원효스님의 초발심자경문初發心自己警文을 읽는 것으로 차 공부뿐만 아니라 불법의 심지心志를 세우는 공부까지 아우를 수 있게 해 주셨습니다. 정말 환희심으로 서울을 오르내렸던 기억이 새롭습니다.

그사이, 국립목포대학교의 조기정교수님께서 진주에 있는 덕암과 무정 등 지인들과의 인연으로 차와 진주문화에 관심을 두고 차실을 자주 왕래했던 때이기도 했습니다. 차생활의 대중화와 학문적 체계화 등, 그 필요성을 서로 논의하며 학과 개설에 의욕을 내셨습니다. 차마시는 일이 대 유행이었던 2004년에 국립목포대학교에 대학원과정 국제차문화학과를 개설했습니다. 차학과 주임교수가 되신 조기정교수님과 호남차인들과 맺은 인연으로 대학원을 1기로 등록하게 되었습니다.

체계적인 치학 공부가 시작되었습니다. 일주일에 한번씩 목포를 오가며 석사 수료(06년)하고, '죽향미인' 제다를 통해 느꼈던 수제차의 위해요소에 강한 의구심을 느끼며 위해요소 검증과 더불어 그 기준을 제시한《전통 수제녹차에 위해요소중점관리기준 적용을 위한 연구》로 09년에 석사 졸업을 했습니다. 현재《진주지역의 차문화 연구》라는 주제로 박사 과정 중에 있습니다.

2000년 YWCA에서 일반인들을 대상으로 차도와 생활예절을 가르치는 "차도와 예절" 과정을 개강하며 차도 강사의 첫길을 걷게 되었습니다. 차를 알고자 하는 사람과 차생활을 통해 멋과 여유를 즐기고자 차를 배우겠다는 회원들이 계속 늘었습니다. YMCA와 국립진주박물관은 어린이와 청소년 차도 체험반을 개설했으며, 국립과학기술대와 국립경상대 평생교육원에서 차도 지도사 배출을 목적으로 "차와 차예절 지도사" 반을 개설하여 강의를 맡았습니다. 곳곳에서 개설되는 전통 차도 교육으로 찻집일 보다 차도 강의로 바빴습니다. 전문 차도강의실의 필요성으로 2005년, 죽향 3층에 전문 차도강의실 '죽향차문화원'이 개관되었고 바야흐로 차도무문茶道無門의 장場이 되었습니다.

본격적으로 차도교양반, 명상차반, 차예절지도사반 등 다양한 차도 강의들을 시작했습니다.

차 공부의 요체가 차라는 물질의 정확한 이해와 차를 다루는 올바른 행위의 방식들을 체화하는 것이므로 茶와 茶道 라는 큰 주제를 두고『茶와 茶道』교재를 만들었습니다. 그 내용으로는 차의 개론, 행차 수련의 목적과 방법, 한국의 차문화사, 중국과 일본의 차문화,『다신전』과『동다송』의 원전을 공부했습니다. . 차문화에 대한 이론들은 여러 차 개론서를 참고했습니다.

차의 물질적 개념들은 차의 육종학 이론과 제다 수업으로 정립했습니다.

차도茶道의 실기는 차 명상이 근본인 죽향선차법竹香禪茶法으로 몸의 균형감과 정밀함을 익혔고, 마음의 평온과 정신적 각성을 도모했습니다.

죽향선차법은 행차의 전 과정을 차를 다루는 안眼. 이耳. 비鼻. 설舌. 신身. 의意의 육근六根을 통해 차와 차를 다루는 일련의 요소들을 대상으로 삼아서 일체를 관조觀照하는 정념靜念수행 입니다. 몸과 마음은 정화되고, 각성된 의식으로 일상의 삶이 명료하게 경험되어 사라지는 것임을 아는 것이 차선수련의 목적입니다. 차도로서의 정념수련을 위한 방법으로 선차수련법의 정립이 필요했습니다.

선차법禪茶法은 효당가의 반야로차도문화원의 독수선차법獨修禪茶法을 차용하여 죽향차문화원의 지향점을 반영하여 완성된 것입니다. 진주차풍의 정신적 계보인 효당스님의 중정中定의 차 정신이 담겨있습니다.

말차법抹茶法은 명원문화원의 팔각상 말차 행차법을 기본으로 하여 죽향의 차 정신과 정서가 표현되도록 만든 선차법입니다.

헌공차법獻供茶法은 불자로서 불은佛恩에 회향코자 하는 간절한 마음이 담겨있습니다. 효공 동초스님께서 다솔사 주지 소임때, 죽향차문화원 회원들이과 함께 매년 초파일 육법공양 의례로 시연한 것을 다듬었습니다.

대중 차실로서 죽향이 20년을 맞이하면서 죽향 이라는 공간(空間), 죽향과 함께 했던 사람들의 이야기를 인간(人間)이라 하고, 다시 죽향의 찻일들을 새롭게 조명해 시간(時間)이라는 주제로 나누어 이야기를 싣게 되었습니다. 의미 있었던 여러 작업 중 죽향차문화원의 차법을 정립하여 자료로 남기게 된 것이 보람입니다. 차 공부에 있어 행차도는 차 공부의 실체이며 차 공부의 결실이기 때문입니다. 차도 수련의 차 공부는 정신을 향상시키고 몸을 정밀하게 하여 의식의 극대화로 명료한 삶을 경험토록 하는 행동철학입니다..

죽향 스무해를 맞아 행차의 전 과정을 기록화 할 수 있게 되어 기쁩니다.

쉽지 않았던 여러 작업이었습니다. 처음 공부를 대한듯한 설레임과 지난 공부를 새삼 더듬는 재미를 느꼈습니다. 반복하면서 행차 수련의 공덕을 온몸으로 체득할 수 있었습니다. 귀하고 소중한 일을 가능하도록 해주신 윤삼웅교수님, 정장화 사진 작가님께 두 손 모읍니다.

분명 기록화에는 책임이 따르게 될 것입니다. 기록으로 묻히는 것이 아니라 새로이 드러나는 것이므로 시각적 견해가 있을 수도 있을 것입니다. 이것은 전반적인 차문화의 일각이며 행차에서는 보편적이면서도 주관적인 요소로 구성되었음을 밝힙니다.

일정한 규범과 틀에 의미를 부여하여 도식화하는 것은 참으로 단조롭고 딱딱한 일이었습니다. 그 단조로움을 반복 수련하는 일이 곧 평상심시도平常心是道요. 불연지대연不然之大然의 가르침임을 깨닫게 되었습니다.

말로 행위로 보여주시는 선고 차인들의 성언誠言을 가슴에 새깁니다.

"죽향선차법은 차마시는 일 입니다.
일상의 자리, 그 어디서든 차 마시며, 홀연히 깨어나 머무는 일입니다."

죽향선차법

전차 煎茶

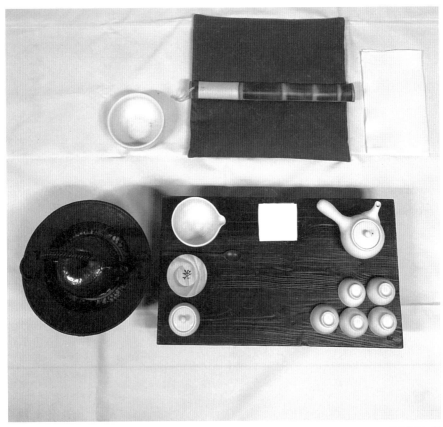

찻상차리는 법

1. 합장 배례로서 존재에 대한 감사를 올립니다.

2. 죽비를 들어 지금 여기에 집중합니다

3. 서서히 호흡을 끌 듯 죽비를 들어 정례합니다

4. 잠시 멈춤, 마음을 가다듬습니다

5. 양손으로 상보의 가장자리 중심을 잡고 상보를 접어 올립니다

6. 절차에 따라 상보를 걷고, 반듯이 접어 왼쪽 무릎 옆에 둡니다

10- 엎어 놓은 찻잔을 바로 앉힙니다

11- 찻잔을 찻상의 중앙으로 옮겨 놓습니다

12- 예열을 위해 탕관의 물을 다관에 붓습니다

16- 차 우릴 탕수를 다시 숙우에 따릅니다

17- 예열된 다관의 물을 찻잔 예열을 위해 따릅니다

18- 수 순에 따라 차호를 들고 차를 다관에 넣습니다

22- 차가 우려질 동안, 예열을 위한 잔을 퇴수합니다

26- 찻잔에 우려진 차를 따릅니다

27- 차탁을 들어 찻상 중알 아래에 옮겨 놓습니다

28 - 잔을 옮겨 차탁 위에 놓습니다

29- 차를 마시기 직전, 호흡을 가다듬고 합장의 예를 올립니다

30- 천천히 잔을 들어 차를 세 번에 나누어 마십니다

34- 마신 차에 집중, 차선명상에 듭니다

35- 설거지를 위해 탕수를 숙우에 붓습니다

36- 숙우의 물을 다관에 부은 후 다관의 엽저를 퇴수기에 쏟아냅니다

40- 사용한 잔을 정성스럽게 닦아 제자리에 놓습니다

44- 숙우, 다관을 차례로 닦아주고 찻상의 물기도 눌러 닦습니다

48- 중앙의 찻진을 잡습니다

49- 찻잔을 원래대로 옮겨 놓습니다

50- 상보를 옮겨와 찻상을 덮습니다

54. 원래대로 찻상을 상보로 덮습니다

55- 공수로 마무리를 짓습니다

죽향선차법

말차 抹茶

말찻상차리는 법

1- 조신(調身). 조식(調息). 조심(調心)하여 말차선을 준비에 임합니다

2- 몸과 마음에 집중하고 합장으로서 예를 올립니다

3- 양손을 상보의 중앙 가장자리에서 듭니다

4- 수 순에 따라 상보를 접고 왼쪽 무릎의 바닥에 둡니다

8- 예열을 위해 탕관의 물을 다완에 붓고 탕관을 화로로 옮깁니다

12- 다완을 단전으로 옮겨 반 시계 방향으로 한번 돌려 예열후 퇴수합니다

16- 다건을 오른손으로 잡아둡니다

17- 오른손을 상단에 두고 다건을 세로로 길게 세웁니다

18- 다건을 다완 위에서 결대로 잡고 반 시계방향으로 돌려 닦습니다

22- 다시 다건을 정돈한후 다완의 바닥까지 닦은 후, 다건은 제자리에 둡니다

26- 차호를 잡습니다

27- 차호 두껑을 다건 위에 올려놓습니다

198

28- 차시를 가져와 차호에 담아 반듯하게 잡습니다

29- 말차를 두 번 다완에 점다 후 차시를 3시 방향에서 한번 탁 가볍게
친 후 돌려서 6시 방향에서 거둡니다

33- 차시를 제자리에 둡니다

34- 차호 두껑을 닫아 제자리로 옮깁니다

35- 탕관을 옮깁니다

36- 탕수를 찻사발의 몸 안쪽면에 알맞게 따릅니다

37- 차선을 잡고 다완으로 옮겨 격불을 시작 합니다

41- 격불 후 차선을 3시 방향으로 잡습니다

42- 차선을 6시 방향에서 팽주쪽으로 거둡니다

43- 차선을 제자리로 옮깁니다

44- 천천히 찻사발을 들고 탕색을 감상후 한번에 마시고 잔을 내려 놓습니다

48- 찻상 설거지를 위해 찻사발에 물을 따릅니다

49- 사용한 찻사발은 차선으로 헹구고 퇴수합니다

53- 다건을 펼쳐 찻사발을 골고루 닦습니다

57- 차시를 다건 위에 놓고 닦은 후 제자리 두고 다건도 내려놓습니다

61 - 상보를 옮겨 수순에 따라 무릎 위에 펼칩니다

65- 상보를 덮습니다

69- 합장으로 말차선을 마무리 합니다

죽향선차법

헌공차 獻供茶

헌공찻상 차리는 법

1- 부처님을 향한 지극한 마음을 호흡에 집중시킵니다

2- 삼보를 향해 합장의 예를 올립니다

3- 상보를 접기 위해 양손을 벌려 상보의 중앙을 맞잡습니다

4- 상보를 결대로 접어 왼쪽 무릎 옆으로 옮겨 놓습니다

8- 헌다잔을 두손으로 잡습니다

9- 헌다잔을 찻상 중앙으로 옮겨 놓습니다

10-헌다잔의 두껑을 열어 잔대 받침위에 올려 놓습니다

11- 다건을 오른손으로 잡고 왼손으로 옮깁니다

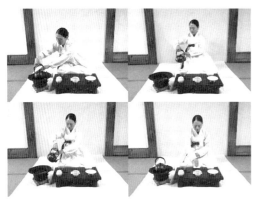

12- 예열을 위해 탕수를 숙우에 따르고 다건을 다시 제자리 둡니다

16- 숙우의 탕수를 다관 예열을 위해 붓고 두껑을 닫습니다

20- 잔 예열을 위해 다관의 물을 따르고 제자리에 놓습니다

24- 탕관의 찻물을 따르기 위해 다건을 듭니다

25- 오른손으로 탕관을, 다건을 잡은 왼손으로는 탕관의 두껑을 누르며 듭니다

26- 숙우에 차 우릴 탕수를 따릅니다

27- 다관 두껑을 열어 다건 위에 놓습니다

28- 차호를 들어 왼 손바닥에 두고 차시를 가져와 차호에 넣습니다

32- 차를 알맞게 떠서 다관에 넣습다

33- 차시를 제자리로 옮겨 놓습니다

34- 차호 뚜껑을 닫고 양손으로 호를 받쳐 정례 후 제자리에 둡니다   38- 다관에 탕수를 따릅니다

39- 차가 우려질 동안, 헌다잔을 예열해 놓습니다   43- 두손으로 우려진 다관을 정성껏 듭니다

44- 집중하여 헌다잔에 차를 따릅니다   45- 헌다잔의 뚜껑을 닫고 잔 받침대에 올려 중앙으로 옮깁니다

49- 헌다잔을 서서히 들어 올립니다

50.헌다잔을 이마까지 올려 정례합니다.

51- 천천히 중앙으로 내려 불단으로 옮깁니다

흔한 말로 '십 년이면 강산도 변한다'고 합니다.

그렇다면 두 번이나 변했습니다.

죽향 20년 -

덜컥 무심한 세월에 놀라움이 앞섭니다.

생계의 방편으로 노심초사 일구어 온 작은 밭떼기 같은 '죽향'을

그 첫날의 마음으로 사랑하고 있을까 -

죽향을 다녀가신 수많은 걸음걸음에

그 첫날의 마음으로 고마움을 새기고 있을까 -

늘 차향에 싸여 차 이야기를 자주 입에 올리지만

그 첫날의 마음으로 차의 본질에 다가서고 있을까 -

여태 죽향의 이름을 걸고 동분서주하는 육연심의 애씀에

그 첫날의 마음으로 지아비의 역할을 하고 있기나 할까 -

강산이 세 번 바뀌려는 첫 해를 열고 있는 지금,
문화 공간의 작은 초석으로 남으려는 '죽향'이
그 첫날의 마음으로 준비하고 있을까 –

새삼 많은 생각들이 꼬리를 뭅니다.

'죽향 20년' 책자의 출판에 물심으로 많은 분들의 도움이 있었습니다.
특히 종민 스님, 윤삼웅 선생님, 정장화 선생님, 장연우 양, 제주도의 소여 ……
그리고 이 책의 아름다운 마무리를 기꺼이 맡아 주신 박홍관 선생님께도
진심으로 감사드립니다. 정말 고맙습니다.

竹君 김 종 규